毎日がしあわせになる

はちみつ生活

木村幸子

はちみつのことこんなふうに思っていませんか？

はちみつ1本で何役も。しかも砂糖より低カロリー！

「はちみつって値段が高そう」。それって実は大きな誤解です！

はちみつは食べるだけではなく、薬や化粧品の代わりにも。はちみつ１本で何役にもなるので、決して値段が高くないことを実感してもらえるはずです。

また、カロリーが高そうと思われがちですが、それも大きな誤解。実は砂糖１００gは約３８４kcal。同じ１００gのはちみつは約２９４kcal。使用量は砂糖の半分が目安だからカロリーは控えめに。栄養のバランスを整えながらのダイエットにもぴったり。

はちみつのここがすごい！

その１ 栄養ぎっしり。実はおトク！

はちみつは栄養の宝庫！　ビタミン、ミネラル、抗酸化物質など約３００種類の栄養素が含まれるスーパーフード。

↓86ページ参照

その２ 料理のアイテムが減る

砂糖とみりんの代わりにはちみつを１本。味が決まらないときの最後の仕上げにも役立ちます。

↓51ページ参照

その３ 薬箱の代わりになる

火傷・傷薬、胃痛、二日酔い、歯周病予防、うがい薬、咳止め、皮膚薬など、はちみつはまるで優秀な薬箱！

↓96ページ、107ページ参照

その４ 高級化粧品の代わりになる

肌を清潔に整え、保湿力のあるはちみつは、化粧品としても大活躍。微量で高級化粧品にも負けない美肌効果。

↓92ページ、106ページ参照

これまでのイメージを忘れちゃってください

はちみつのめくるめく魅惑の世界を知ったら、
はちみつは、もう手放せない超便利なマストアイテム！

使い方がわからない

なにを買ったらいいの？

料理にお菓子、ドリンクにも！

パンだけなんてもったいない。ヨーグルトやフルーツ、ドリンク、料理にも。薬や化粧品にだってなっちゃいます。

20ページから参照

お好みの香りや風味からでＯＫ

基本的にはお好みの香りや風味から選んで大丈夫。だけどちょっと知っておくと便利な選び方を教えちゃいます。

12ページから参照

固まって
食べられない

砂糖で
いいんじゃない？

本当に
からだにいいの？

白く結晶化したはちみつももとどおり

気温が15度以下になると、成分のひとつであるブドウ糖が白く結晶する性質があります。このまま食べてもOK。もとどおりにもできます。

108ページ参照

低カロリーで栄養満点

ミツバチの酵素で糖分を分解しているので、胃腸に負担をかけることなく、すぐに体内に吸収される、即効性に優れたエネルギー。

86ページ参照

すっごい効果がいっぱい！

知らないのは人生の損！ 栄養満点、美容、薬、ダイエットにも。さまざまなはちみつのパワーを、体験してみて。

6ページから参照

知らないと損しちゃう。
毎日がしあわせになるはちみつ生活を始めましょう

はちみつってこんなにすごい！

腸の調子を整え、
便秘を解消

からだに
よくって
おいしい！

二日酔いの
緩和に

肌に使えて
高級化粧品いらず！

咳止め・
喉の炎症の緩和に

歯石を
できにくくして
虫歯予防に

火傷や傷、
皮膚感染症の
治癒を早める

血糖値が
上がりにくい

スヤスヤ
快眠・癒し効果が抜群！
美肌効果・ニキビを予防
全身に使えば、ぷるぷるのうるおい肌に
抗酸化作用で、いつまでも若々しく
即エネルギーになり、疲労回復効果あり
消化を促進し、胃腸の調子を整える
強い殺菌・抗菌力で炎症を防ぐ！
砂糖より甘みが強く、低カロリー。ダイエットにも

～はちみつの世界へ～

とろ～り甘いはちみつ。

〝からだにいいことはなんとなく知っているけれど、本当のところはどうなの？〟とか、〝お店でいろいろな種類のはちみつが並んでいるけれど、なにを買ったらよいのだろう？〟と思っている人も多いのではないでしょうか？

実は、お菓子作りの素材として、はちみつを長年使用してきた私も、もともとはそんな一人でした。


私がはちみつの世界の入り口に立ったのは、2011年の東日本大震災から2週間後のことです。「こんな時期だからこそ明るい気持ちになれることを」と依頼されたお菓子の講座で、一般社団法人日本はちみつマイスター協会代表理事の平野のり子先生と出会いました。平野先生は、「木村先生の講座は素晴らしく、なにより感動するおいしさでした」と、とても喜んでくださり、「ぜひ、お菓子にはちみつを使用していただきたい。できましたら、私どもの協会で勉強をしていただきたい」と言ってくださったのです。

この出会いをきっかけに、私は、今までお菓子作りの材料のひとつだったはちみつをより深く学ぶようになり、それ以後は、協会の特別講座として、長年「プロの

はちみつスイーツ講座」を担当させていただくことになりました。

はちみつの世界を知ってからというもの、そして、その世界を深く知れば知るほど、私の生活はみるみる変わっていきました。はちみつの殺菌力で、長年悩んでいた親知らずが腫れることはなくなり、耳にある軽度のアトピー性皮膚炎や手荒れが改善しました。ステロイド剤をぬることなく、自然のはちみつだけで症状が緩和するのは、なによりうれしいことでした。

また、料理に使えば、肉をやわらかくしてくれたり、魚の臭みを消してくれたり。砂糖よりもカロリーが低いので、ダイエットにも好都合！　さらに、はちみつを化粧品として使用すれば美肌効果も……。はちみつの自然の力で、体の内外から健やかになっていく自分を体験し、私の生活に、はちみつは欠かすことのできない大きな存在となりました。

こんな驚きのはちみつの世界を、もっともっとたくさんの方に体験していただきたい！　そんな長年の夢が叶い、今回、はちみつのいろいろな使い方をご紹介させていただくことになりました。

この本をきっかけに、〝毎日がしあわせになるはちみつ生活〟に興味を持ってくださる方が増えたら、この上ないしあわせです。

木村幸子

Contents

NANA HONEY
NANA HONEY
olaya miel
miel CREMA ECOLÓGICA
olaya miel
miel CREMA ECOLÓGICA
富士山はちみつファーム

本書のルール

<材料・分量について>

- レシピの材料は、とくに指定のないものは原則として、使用量は正味量（野菜ならヘタや皮、果物は皮や種などを除いた純粋に食べられる量）で表示しています。
- 材料は、とくに指定のないものは原則として、水洗いを済ませ、野菜などは皮をむくなどの下ごしらえをしたものを使用します。
- 分量の表記の 1 カップは 200mℓ、大さじ 1 は 15mℓ、小さじ 1 は 5mℓです。

<火加減について>

- 本書ではとくに指定のないものは中火とします。

<電子レンジ・オーブン・オーブントースターについて>

- 電子レンジは 600 Wのものを使用しています。500 Wの場合は加熱時間を 1.2 倍にしてください。（例：600 Wで 2 分→ 500 Wで 2 分 24 秒）
- 本書で使用したオーブンは、オーブン機能つき電子レンジ SHARP 型番 RE-SX50-S、オーブントースターは、象印 型番 ET-WB22 のものを使用しています。レシピの温度と焼き時間はあくまでも目安ですので使用するオーブンやオーブントースターに合わせて調節してください。

<使用するはちみつについて>

- レシピ内のはちみつは、本書で使用したおすすめのものです。実際に使用する際には、好みのはちみつを選んでいただいて構いません。

はちみつの選び方

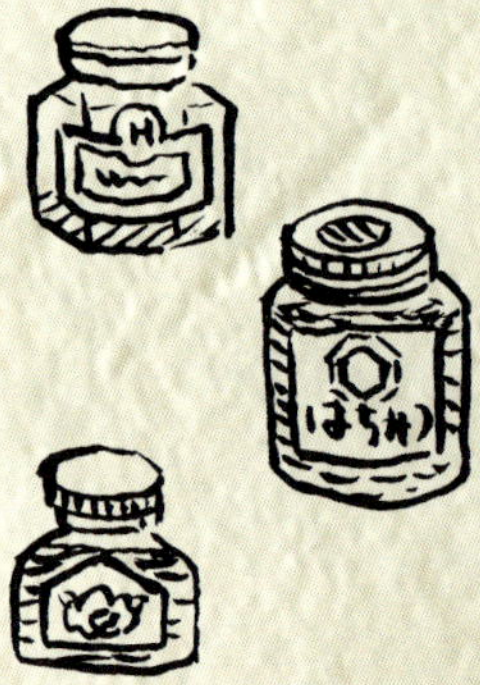

とろりと甘くて、栄養たっぷりのはちみつは、
まさに自然の神秘が作り出す、ミツバチからの贈り物。
人間の手で加工された「精製はちみつ」や
「加糖はちみつ」ではなく、「純粋はちみつ」を選んで、
おいしくしあわせな、はちみつ生活を始めましょう。

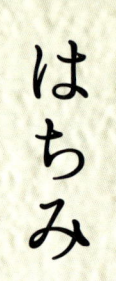

はちみつにもいろいろあります！

ひとくちにはちみつといっても、値段も味も、そして種類も千差万別！
まずは信頼できるショップや専門店で、お気に入りの一品を選びましょう。

どんなはちみつを買えばいいの？

まずははちみつ専門店で お気に入りの一品を

スーパーやデパート、そして、専門店の棚にずらりと並ぶはちみつ。「どれを買ったらいいの?」と迷ってしまいますよね。

はちみつとは、本来、天然に作られた、一切、加工されていない「純粋はちみつ」のこと。けれど日本では、はちみつから匂いや色を取り除いた「精製はちみつ」、純粋はちみつに水飴などを加えた「加糖はちみつ」もはちみつとして流通しています。それらのはちみつと「純粋はちみつ」では、味わいも香りもまったく異なりますし、栄養価も雲泥の差！　専門店や信頼できるショップでの購入をおすすめします。

蜜源や土地、風土で異なる 多彩なはちみつを味わって

同じ「純粋はちみつ」でも、その種類や味わいは千差万別。というのも、ミツバチは巣の近くで蜜源を見つけると仲間にそれを教え、たくさん咲いている花の蜜を仲間と団結して集める習慣があるから。

1種類の花の蜜から採れたはちみつが「単《たん》花蜜《かみつ》」。これに対し、複数の花の蜜がまざってできたはちみつが「百花蜜《ひゃっかみつ》」。樹液や樹液を吸った昆虫が分泌する糖分（シロップ）をミツバチが採集したものが「甘露蜜《かんろみつ》」。蜜源がちがうと香りや風味、色、食感は異なりますし、土地の気候や風土、採蜜するタイミングで個性が異なります。購入する際は、ぜひ試食を。

はちみつを選ぶ際のポイント

1 「純粋はちみつ」をチョイス

純粋はちみつから匂いや色を取り除いた「精製はちみつ」や水飴などを加えた「加糖はちみつ」ではなく、「純粋はちみつ」とラベルに書かれた商品を選びましょう。信頼できるショップや専門店などで購入するのがおすすめです。

2 色・香り・味はお好みで！

基本的に、色の薄いものは風味がまろやかで、色の濃いものは風味が濃厚でミネラルが豊富です。またブドウ糖が多い、もしくは花粉が多く含まれているものは結晶化しやすく、ブドウ糖が少ないものはサラサラ。香りや味、舌触りなど、お好みで選びましょう。

3 迷ったら、アカシア・れんげやフルーツ系を

はちみつ選びに迷ったら、まずはアカシアやれんげ、フルーツ系のものを選ぶのがベター。クセが少なく、なんにでも使いやすいので、重宝します。

はちみつ選びのポイント

楽しみ方は無限大のはちみつですが、実は、1匹のミツバチが一生かけて集めるはちみつの量は、わずかティースプーン1杯ほど！そんな希少なはちみつは、色や形状の違い、樹木や草花など、採れる花の違いによって分けられます。代表的なはちみつの特徴を参考に、ぜひお気に入りを見つけてください。

はちみつの色と形状の違い

薄い
ミネラル少なめ
食材の色や味を
生かしたいときに
サラサラ
とろっとろ
料理の素材にぬったり、
とかしたり、そのまま
なめても。オールマイ
ティーに使用しやすい
朝早く活動したいとき
に、素早くエネルギー
チャージしたいときに
リキッド状
クリーム状
結晶状
お酒を飲むとき、飲
んだ後に、スポーツ
をするときに、血糖
値が気になる方に
ブドウ糖・花粉少なめ
ブドウ糖・花粉やや多め
ブドウ糖・花粉多め
胃もたれ、胃痛時に、
喉の不調に
濃い
ミネラル多め

草花のはちみつ

それぞれの花の持つ香りの個性が楽しめるはちみつです。
優しい味わいでクセがないものが多いため、そのまま楽しむほか、
飲み物やお菓子、料理などさまざまな用途で活躍。

クローバー

世界的にもっともたくさん生産され、親しまれているはちみつ。産地により多少異なりますが、結晶化しやすく、淡い色にフローラルで上品な香り。心地よいまろやかな余韻の残る風味が特徴です。お菓子、料理、ドリンクなど全般に使えます。

れんげ

日本を代表するはちみつで、"日本のはちみつの王様"と言われることも。クセがなく優しく上品な甘みと、やわらかい香りで、昔から日本人に親しまれてきました。お菓子、料理、ドリンクなど全般に使えるので、最初に入手するはちみつとしてもおすすめです。

そば

フランスでは高級はちみつとして人気です。色が濃く、個性的で独特の香り。まるで黒糖のような濃い味で、ミネラル類が豊富に含まれているのが特徴。そば粉のクレープやライ麦の入った香ばしいパンなどに。スパイス系の料理に使用するのがおすすめ。

ひまわり

ひまわりの花を思わせる黄色いはちみつ。酸味が少なく、こっくりとした濃厚な甘さが特徴です。クセは比較的少なく、優しい風味なので、ヨーグルトやパンにかけたり、ドリンクに入れたり、料理、お菓子などにも使用しやすいはちみつです。

樹木の花のはちみつ

樹木の香りの個性はそれぞれですが、草花のはちみつよりもしっかりとした
味わいを持つものが多いのが特徴です。甘みはあっさりと控えめで、
かすかに樹の香りや風味を感じるものも。

トチ（マロニエ）

淡く澄んだ美しい色調で、マロニエのフローラルな香りとかすかな樹の余韻がするやわらかな風味が特徴のはちみつです。アカシアと同じく、結晶化しにくい性質を持っています。少しクセはありますが、お菓子、料理、ドリンクなど全般に使えます。

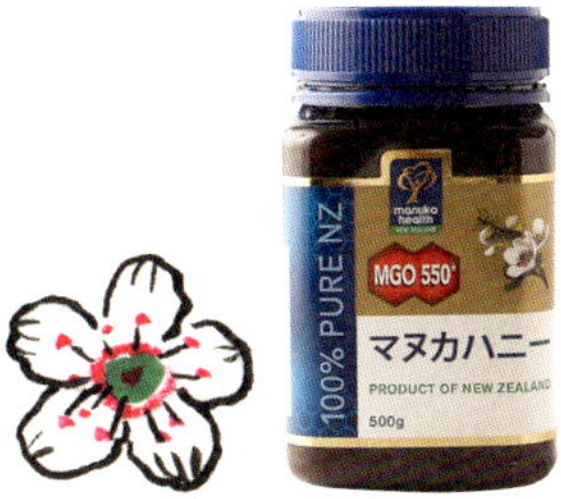

マヌカ

ニュージーランドにしか自生しない木の花から採れるはちみつで、昔から薬として使用。まったりとキャラメルを思わせるコクのある風味で、ほんのりスパイシーなのが特徴です。口腔内や胃腸の調子を整え、ピロリ菌を抑えるとも言われています。

レザーウッド

タスマニアにしかない珍しい樹木の花から採れるはちみつ。芳醇な香りはまるで食べる香水のよう！　フルーティーな風味といつまでも続く花の香りの余韻が印象的です。ヨーグルトやチーズ、生クリームなどの乳製品やドリンクなどと好相性。

ユーカリ

ハーブのような香りが特徴のはちみつ。コクのある甘さで、後味はフルーティーで爽やか。殺菌、消炎作用があるとされ、喉の炎症に有効です。お菓子や料理に使用するほか、ハーブティーなどのホットドリンクに入れるのもおすすめです。

アカシア

れんげとともに日本では人気の高いはちみつです。果糖が多く、冬でも結晶化しにくいのが特徴。淡い色でさらっとした口当たり。マイルドな甘さと素直な味わいで、誰からも好まれるはちみつです。お菓子、料理、ドリンクなど全般に使用できます。

菩提樹（リンデン、シナノキ）

トチはちみつと同じく、山のはちみつとしてヨーロッパで人気。花の香りをしっかりと感じる芳醇な香りと少し野性味のある甘さで、華のある個性的なはちみつです。香りや味わいを存分に楽しむには、ヨーグルトやデザート系に使用するのがおすすめ。

果実の花 のはちみつ

果実の花を蜜源とするはちみつです。その果実のイメージに通じる香りのはちみつが多く、親しみやすい味わいとマイルドな甘さ、クセの少ない素直な風味が人気です。

リュウガン

ロンガンとも言われ、種子は「滋養強壮」の漢方の生薬として古くから使われていて、はちみつにも同じような働きがあると中国では考えられています。香りは独特ですが、風味はまろやか。

りんご

濃いめの黄色ですが、風味は色のイメージほど強くはなく、りんごらしい味と香り、優しい甘さが特徴。かすかな酸味を感じるフルーティーなはちみつです。お菓子、料理、ドリンクなど全般に。

みかん

みかんの果実を思わせるややオレンジがかった澄んだ色で、フレッシュで爽やかなフルーティーな香り。キレのよい甘さとほのかな酸味のあるやわらかい風味が特徴の上品なはちみつ。

ハーブの花 のはちみつ

ハーブや香辛料として使用される食物の花から採られ、薬草としての効果ははちみつにも。香りや風味にもそれぞれの個性が主張され、香りを生かした料理やお菓子におすすめです。

タイム

マイルドな色合い。強く刺激のある芳香と風味で、重量感のある甘さが特徴です。ハーブの薬効も高いとされていて、咳止めや胃腸の殺菌効果も！　ハード系チーズと相性も抜群。

ローズマリー

やや酸味のある爽やかな香りと、ホッとするような上品な甘さが特徴のはちみつで、後味にかすかにハーブの余韻が残ります。ハーブティーや焼き菓子、デザートの香りづけなどにもおすすめ。

ラベンダー

ロマンティックなラベンダーの花の香りと、力強い味わいが特徴の個性的なはちみつです。花には鎮静作用があると言われ、夜眠る前などにもおすすめです。ドリンク全般、焼き菓子などに。

ナッツ系の花のはちみつ

ナッツが採れる食物の花を蜜源とするはちみつです。それぞれのナッツを思わせる濃厚な色と香りがあり、個性はやや強め。好みが分かれますが、その強いクセが人気です。

クリ

独特の強い香りで、クリ特有の渋みと香ばしさがあるクセの強いはちみつです。色もブラウンに近く、ミネラルを豊富に含みます。ヨーグルトやチーズなどの乳製品や、スパイスの効いたお菓子、料理などに使うと、その味わいが存分に楽しめます。

アーモンド

半透明の焦げ茶色のはちみつです。香ばしい香りが非常に高く、コクのある風味が特徴。フランスでは老化防止や免疫力強化の作用があるとされ、美容意識の高い女性から好まれています。チーズやヨーグルトなどの乳製品や焼き菓子などと相性抜群。

et cetera

その他のはちみつ

ひとつの花から採れるはちみつ（単花蜜）に対し、複数の花蜜から採れるのが「百花蜜」。
その他、花由来ではなく樹液を吸った昆虫が分泌する糖分（シロップ）を
ミツバチが集めた個性的な「甘露蜜」も。

甘露蜜

もみの木やマツの木などの樹液を吸った昆虫が分泌する糖分をミツバチが採集して熟成させたはちみつ。ミネラルが豊富で色が濃く、濃厚な風味、独特の苦みと渋みが特徴です。

百花蜜

巣箱の近くに複数の蜜源食物が咲いているときや花の開花時期の変わり目に採れる、複数の花の蜜がまざってできたはちみつ。採蜜時期や地域、花の種類によって色も風味も異なります。

入れるだけ

いつも飲んでいる身近な飲み物に
はちみつを入れるだけ。
体にうれしい機能性ドリンクに。

ホットハニーレモン

材料（1人分）

湯（50度くらいまで）…カップ1杯
はちみつ（ラベンダー）…大さじ1
レモン果汁…大さじ1

作り方

1 湯にレモン果汁を加えてよくまぜる。
2 はちみつを加え、さらによくまぜてとかす。好みでレモンのスライス（分量外）を浮かべても。

はちみつウォーター

材料（1人分）

水…グラス1杯
はちみつ（レザーウッド）…小さじ1～2

作り方

水にはちみつを加え、よくまぜてとかす。

飲みすぎた翌日に
心地よい眠りに
風邪っぽいなと思ったら

ハニーホットミルク

材料（1人分）

牛乳…カップ1杯
はちみつ（ひまわり）…大さじ1

作り方

牛乳を50度くらいまで温め、はちみつを加えてよくまぜてとかす。

豆乳ハニー

材料（1人分）

無調整豆乳（調整豆乳でも可。ホットまたはアイス）…グラス1杯
はちみつ（トチ）…大さじ1

作り方

豆乳（アイスの場合はそのまま、ホットの場合は50度くらいまで温める）にはちみつを加え、よくまぜてとかす。

ハニーハーブティー

材料（1人分）

好みのハーブティー…ティーカップ1杯
はちみつ（ユーカリ）…大さじ$\frac{1}{2}$〜1

作り方

ハーブティーにはちみつを加え、よくまぜてとかす（ハーブティーが熱い場合は、少し冷めてからはちみつを加える）。

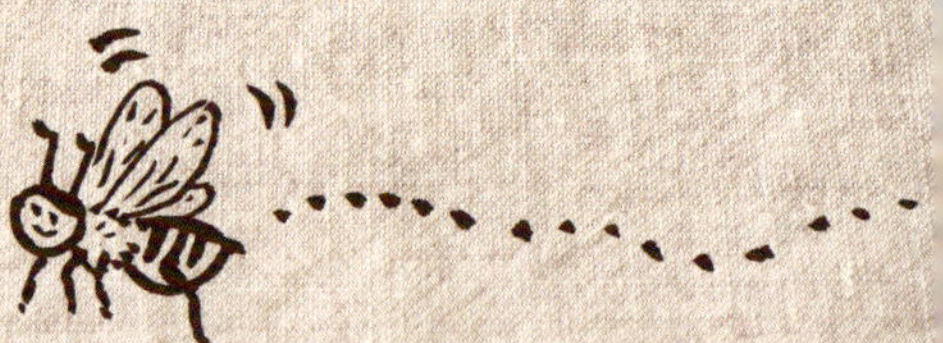

はちみつコーヒー

材料（1人分）

コーヒー（ホットまたはアイス）
…コーヒーカップまたはグラス1杯

はちみつ（リンデン〈菩提樹〉）
…小さじ2～大さじ1

作り方

コーヒーにはちみつを加え、よくまぜてとかす（コーヒーが熱い場合は、少し冷めてからはちみつを加える）。

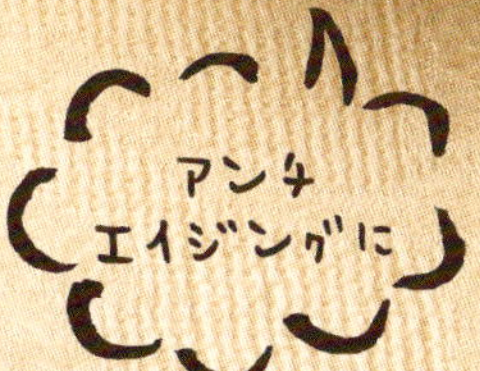

はちみつ紅茶

材料（1人分）

紅茶（ホットまたはアイス）
…ティーカップまたはグラス1杯

はちみつ（リュウガン）…大さじ½～1

作り方

紅茶にはちみつを加え、よくまぜてとかす（紅茶が熱い場合は、少し冷めてからはちみつを加える）。好みで牛乳やレモン（各分量外）を加えて、ミルクティーやレモンティーに。

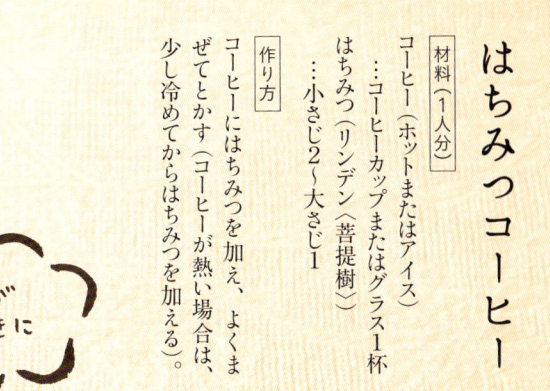

はちみつアーモンドミルク

材料（1人分）

アーモンドミルク（市販品）…カップ1杯
はちみつ（百花蜜）…大さじ1

作り方

アーモンドミルクにはちみつを加え、よくまぜてとかす。

LET'S TRY

アーモンドミルクを手作りする方法

材料（作りやすい分量）

アーモンド（生の場合は130度のオーブンで20分ほど空焼き）…100g
水…2と½カップ

作り方

1 ボウルにアーモンドを入れ、たっぷりの水（分量外）を注いで半日つける。

2 *1*の水けをきってアーモンドを軽く洗い、ミキサーに入れ、分量の半量の水を加える。

3 ミキサーにかける。細かくなったら、残りの水を加えて、さらに1分ほどミキサーにかける。

4 ざるに布をしいて*3*をこす。さらに布を持ってしっかりしぼる。

保存する場合は冷蔵庫で。時間が経つと分離するので、使用する際はよくまぜて、早めに使いきること。

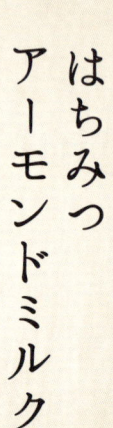

はちみつができるまで
START
花を見つけると長い舌を
花の中に差し込んで蜜を吸う
飲んだ蜜はおなかにある
蜜胃（みつい）という袋にためる
巣に戻ると口移しで
仲間に蜜を
渡す
内勤のミツバチは
受け取った蜜の
水分を飛ばし
巣の中に貯蔵
はちみつがいっぱいたまったら
くん煙器の煙で
ミツバチを静める
巣
1枚の
巣板には
約2000匹の
ミツバチがいる
巣
巣板を
取り出す
蜜蓋を切り取る
遠心分離機に入れ
ぐるぐるまわすと下から蜜が
出てくる
遠心分離機
網で
こす
でき上がり
【蜜のありかの伝え方】
ミツバチは優れた記憶力で
花の香りや色を記憶。
8の字ダンスと呼ばれる動きで
仲間に蜜のありかを知らせる。
この場合はちみつの方角は巣から
太陽を左に見て60度の方角
60°

かけるだけ

ヨーグルトやフルーツなどにたらり。
はちみつの自然な甘さと香りが
口いっぱいに広がってしあわせ気分に。

フルーツヨーグルト

材料

プレーンヨーグルト…適量
好みのフルーツ（いちご、ブルーベリー、バナナ、ラズベリーなど）…適量
はちみつ（みかん）…適量
ミント…適量

作り方

1 器にブルーベリー、ラズベリー、ヨーグルトの順に入れる。
2 好みのフルーツをのせ、ミントを飾り、はちみつをかける。

グラノーラヨーグルト

材料

プレーンヨーグルト…適量
グラノーラ…適量
※本書では、フルーツグラノーラを使用。
はちみつ（さくらんぼ）…適量

作り方

1 器にヨーグルト、グラノーラ、ヨーグルトの順に入れる。
2 表面にグラノーラを少しのせ、はちみつをかける。

ドライフルーツヨーグルト

材料

プレーンヨーグルト…適量
好みのドライフルーツ（パイナップル、ブルーベリー、レッドチェリー、オレンジ、イチジクなど）…適量
はちみつ（百花蜜）…適量

作り方

1 器に好みのドライフルーツを貼りつけた後、ヨーグルトを入れる。
2 表面をドライフルーツで飾ってはちみつをかける。

胃腸の働きを整える
朝の素早いエネルギーチャージに
貧血、便秘、冷え性の予防に

フルーツにかける

材料

好みのフルーツ…適量
はちみつ（りんご）…適量

作り方

フルーツをカットして器にのせ、はちみつをかける。

生ハム＋フルーツ

材料

好みのフルーツ（メロン、カキ、イチジクなど）…適量
生ハム…適量
はちみつ（ローズマリー）…適量
チャービル…適量

作り方

1 フルーツは一口大にカットし、生ハムを巻く。
2 器に盛ってチャービルをのせ、はちみつをかける。

はちみつ×チーズは至福の組み合わせ

チーズとはちみつの相性は抜群。スライスしたり小さくカットしたりしたチーズにかけるだけで絶品です。チーズをそのまま食べるより、より味わいに深みが増し、まったく別物になったような抜群のおいしさに。

カンパーイ
TARARI
TORORI

A チェダー

材料

マッシュポテト（左記参照）…適量
チェダーチーズ…適量
りんご…適量
ブラックペッパー…適量
はちみつ（ひまわり）…適量

作り方

1 マッシュポテトに細かくカットしたチェダーチーズをまぜ、ブラックペッパーをかける。

2 りんごのスライスを添えて、はちみつをかける。

マッシュポテトの作り方

材料（作りやすい分量）

じゃがいも…1個
牛乳…大さじ1と½～2
塩…少々

作り方

1 じゃがいもは皮ごと洗い、ラップで包んで電子レンジ600Wで3分30秒～4分加熱する。

2 麺棒やコップの裏でラップごと押さえて、熱いうちに皮を取り除く。

3 フォークの背でつぶしながら牛乳を加えてまぜ、塩を加えて味を調える。

B コルビージャック

材料

パンまたはクラッカー…適量
コルビージャックチーズ…適量
トマト…適量
バジル…1つにつき1枚程度
オリーブオイル…適量
ブラックペッパー…適量
はちみつ（ユーカリ）…適量

作り方 レシピ2参照。

C パルミジャーノ

材料

パン…適量
パルミジャーノチーズ…適量
生ハム…適量
はちみつ（もみの木）…適量

作り方 レシピ1参照。

D グリュイエール

材料

パン…適量
グリュイエールチーズ…適量
バター…適量
生ハムまたはサラミ…適量
レーズン…適量
はちみつ（ローズマリー）…適量

作り方 レシピ1参照。

E ゴーダ

材料

クラッカー…適量
ゴーダチーズ…適量
クミンパウダー…少々
はちみつ（みかん）…適量

作り方 レシピ2参照。

チーズとはちみつ 簡単おつまみレシピ

F カマンベール

材料

クラッカーまたはパン…適量
カマンベールチーズ…適量
はちみつ（リンデン〈菩提樹〉）…適量

作り方

1 フライパンでカマンベールを両面に薄く色がつくまで焼く。
2 クラッカーやパンにのせてはちみつをかける。

G ミモレット

材料

クラッカーまたはパン…適量
ミモレットチーズ…適量
アボカド…適量
はちみつ（アーモンド）…適量

作り方

レシピ1参照。

H ゴルゴンゾーラ

材料

パン…適量
ゴルゴンゾーラチーズ…適量
くるみ…適量
はちみつ（りんご）…適量

作り方

レシピ2参照。

I マスカルポーネ

材料

マスカルポーネチーズ…大さじ2
ココア…適量
はちみつ（リュウガン）…小さじ1

作り方

マスカルポーネにはちみつをまぜて、上からココアを振る。

J クリームチーズ

材料

クラッカーまたはパン…適量
クリームチーズ…適量
好みのフルーツ…適量
はちみつ（レザーウッド）…適量

作り方

レシピ1参照。

レシピ1 クラッカーまたはパンにチーズと残りの材料をのせ、はちみつをかける。

レシピ2 クラッカーまたはパンにチーズをのせ、チーズがとけるまで軽く焼いたら、残りの材料、はちみつ、調味料をトッピング。

定番のハニートースト

1枚ペロリと食べずにはいられない
定番のハニートースト。
アレンジも病みつきのおいしさで、
朝食の楽しみが広がります！

ハニートースト

材料（1人分）

食パン…1枚
バター…約10g
はちみつ（クローバー）…適量

作り方

1 食パンは好みの焼き具合にトーストする。
2 トーストにバターをのせ、はちみつをかける。

ブロッコリーと卵のカレーハニートースト

材料（1人分）

食パン…1枚
ピザ用チーズ…適量
はちみつ（百花蜜）…大さじ1
カレー粉…小さじ1
ブロッコリー（かたゆでしたもの）…適量
ゆで卵（スライスする）…½個

作り方

1 食パン全体にピザ用チーズを広げ、カレー粉、はちみつの順に全体にかける。

2 ブロッコリー、ゆで卵をのせて、少し焦げ目がつくまでトースターで焼く。

バナナとココナッツのシナモンハニートースト

材料（1人分）

食パン…1枚
バナナ（熟れたもの）…½本
はちみつ（クリ）…小さじ2
ココナッツオイル…適量
ココナッツロング…適量
シナモンパウダー…適量

作り方

1 食パンにココナッツオイルを薄くぬり、はちみつをかける。

2 バナナを輪切りにしてのせ、その上にココナッツロング、シナモンパウダーをかけてトースターで焼く。

はちみつフルーツオープンサンド

材料（1人分）

好みのパン…1枚
プレーンヨーグルト…80g
はちみつ（エリカ〈ヒース〉）…小さじ1
好みのフルーツ…適量

作り方

1 コーヒーのペーパーフィルターにヨーグルトを入れ、半量くらいになるまで水けをきる。

2 水けをきったヨーグルトとはちみつをよくまぜ、パンにぬる。

3 好みのフルーツをのせてカットする。

えびとアボカドのハニーマヨネーズトースト

材料（1人分）

食パン…1枚
アボカド…1/2個
紫キャベツ…適量
えび（ボイル）…適量
はちみつ（アーモンド）…大さじ1/2
マヨネーズ…大さじ1/2
米酢…小さじ1
塩、ホワイトペッパー…各少々
オリーブオイル、はちみつ（みかん）…各適量
ブラックペッパー…適量

作り方

1 はちみつ（アーモンド）、マヨネーズ、米酢、塩、ホワイトペッパーをまぜて、はちみつマヨネーズドレッシングを作る。
2 食パンはトーストし、千切りにした紫キャベツをのせて1をかけ、薄切りにしたアボカド、えびをのせる。
3 仕上げに、オリーブオイルとはちみつ（みかん）、ブラックペッパーをかける。

かぼちゃとりんごのほっこりハニートースト

材料（1人分）

食パン…1枚
ハニーかぼちゃペースト（作り方1～2）…適量
りんごのスライス…適量
はちみつ（百花蜜）…適量
パンプキンシード、レーズン…各適量

作り方

1 ハニーかぼちゃペーストを作る。かぼちゃの種とワタを取り、ラップをして電子レンジ600Wで8～10分加熱する。中まで火が通ったら皮を取り除き、マッシャーまたはフードプロセッサーでペースト状にする。
2 かぼちゃペースト100gに対して、はちみつ大さじ1と好みでシナモンパウダーかオールスパイスをひと振りしてまぜる（冷めたら清潔なびんに入れて2日ほど冷蔵保存可）。
3 食パンをトーストし、2を全体にぬり、りんごのスライス、パンプキンシード、レーズンをのせて、上からはちみつをかける。

カリフラワーとオクラのハニーグラタントースト

材料（1人分）

食パン（4枚または5枚切り）…1枚
ホワイトソース（市販品またはグラタンなどの残り）…50g
カリフラワー…2～3房
オクラ…1本
コーン（缶詰）…大さじ1
はちみつ（ユーカリ）…小さじ1
オリーブオイル…小さじ1
塩、ホワイトペッパー…各少々

作り方

1 オクラは5～7㎜厚さの輪切りに、カリフラワーは食べやすい大きさに手で裂き、コーンと一緒にボウルに入れ、はちみつ、オリーブオイル、塩、ホワイトペッパーとよくまぜ合わせる。
2 1を食パンにのせ、ホワイトソースをかけてトースターで10分ほど焼く。
3 オリーブオイルとはちみつ（共に分量外）を各適量かける。

じゃがいものハニーマスタードオープンサンド

材料（1人分）

食パン…1枚
じゃがいも…1/2個
ソーセージ…1本
さやいんげん…2〜3本
粒マスタード…小さじ1/2
はちみつ（みかん）…小さじ1/2
しょうゆ…小さじ1/4
塩、ホワイトペッパー…各少々
バター…適量
パクチーまたは好みのハーブなど…適量

作り方

1 じゃがいもは皮をむき、3〜4㎜厚さに切ってから細切りにし、水に2〜3分さらした後、水けをきる。

2 ソーセージは斜め薄切りに、さやいんげんは筋を取って軽く塩ゆでし、半分に切る。

3 フライパンにサラダ油（分量外）を熱し、1と2をいためる。火が通ったら、塩、ホワイトペッパー、粒マスタード、はちみつを加えて、味が全体になじんだら、しょうゆを加えて水分が飛ぶまでいためる。

4 食パンをトーストしバターをぬり、3とパクチーをのせる。

はちみつキッシュトースト

材料（1人分）

食パン（4枚または5枚切り）…1枚
バター…5g
ベーコン…1枚
玉ねぎ…約1/8個
ほうれんそう…2株
卵…1個
牛乳…大さじ2
粉チーズ…大さじ1
塩、ホワイトペッパー…各少々
はちみつ（トチ）…大さじ1

作り方

1 ベーコンは細切り、玉ねぎは薄切り、ほうれんそうは4〜5㎝長さにカットし、バターをとかしたフライパンで、全体に火を通す。

2 食パンの耳の7〜8㎜内側にナイフで4辺とも切り目を入れる（切り落とさないこと）。内側の部分をスプーンなどでしっかり押さえて食パンを器のようにしたら、1を広げる。

3 卵、牛乳、粉チーズ、塩、ホワイトペッパーをまぜて2の上に流し、はちみつをかけてトースターで8〜10分焼く。

ハニーレモントースト

材料（1人分）

食パン…1枚
マスカルポーネチーズ…大さじ2
はちみつレモン漬け（41ページ参照）の漬け液…大さじ1（はちみつ大さじ2/3〜1でも可）
にんじん、ズッキーニ…各適量
はちみつレモン漬け（41ページ参照）…適量（レモンスライスでも可）
レモンの表皮…適宜

作り方

1 食パンをトーストし、マスカルポーネチーズとはちみつレモン漬けの液をまぜ、トーストした食パンにぬる。

2 にんじん、ズッキーニはピーラーで薄く削ぎ、箸などに巻いて渦巻き状にして1にのせる。はちみつレモン漬けを好みの大きさにカットしてのせる。

3 好みでレモンの表皮をすりおろしてかける。

まぜるだけ

ナッツやドライフルーツなどに
まぜたり、漬けたり。
気軽にできる
ステキな保存食です。

HONEY
パンケーキにかけても

ナッツのはちみつ漬け

材料（作りやすい分量）　※保存期間は３カ月ほど

好みのナッツ（くるみ、ヘーゼルナッツ、アーモンド、ピスタチオ、カシューナッツ、ペーカンナッツなど）…適量
はちみつ（タイム）…適量

作り方

1　ナッツは130度のオーブンで25分空焼きし、冷ます。
2　1を清潔なびんに入れ、完全につかるくらいまではちみつを注ぎ入れる（5日後からがおいしい）。

バゲットやトーストに

ハニーショコラ

材料（作りやすい分量）
※保存期間は３カ月ほど

ココアパウダー（無糖）…30g
はちみつ（ひまわり）…90g

作り方

はちみつにココアパウダーを茶こしで振るって加え、泡立て器などでペースト状になるまでまぜ、清潔なびんに詰める。

お湯やホットミルクでとかして
トーストにぬって
chocolate

ドライフルーツのはちみつ漬け

※保存期間は3カ月ほど

材料（作りやすい分量）

好みのドライフルーツ（レーズン、イチジク、ブルーベリー、プルーン、アプリコットなど）…適量

はちみつ（りんご）…適量

作り方

1 レーズンはぬるま湯でもどし、水けをきった後、フライパンで空いりして完全に水けを飛ばす。

2 1と残りの好みのドライフルーツをまぜて清潔なびんに入れ、完全につかるくらいまではちみつを注ぎ入れる（5日後からがおいしい）。

はちみつレモン漬け

材料（作りやすい分量）
レモン…2個
はちみつ（リュウガン）…適量
※保存期間は1週間ほど

作り方
1 レモンは皮をよく洗い、2〜3㎜厚さの輪切りにする（皮の白い部分からエグミが出るので、大量に作る場合にはレモンの半量くらいの表皮はむいてから輪切りにすること）。
2 清潔なびんに入れ、完全につかるくらいまではちみつを注ぐ（翌日から使用可能）。

マドレーヌの 生地にまぜて

はちみつしょうが漬け

材料（作りやすい分量）
しょうが…3片
はちみつ（みかん）…適量
※保存期間は1週間ほど

作り方
1 しょうがは皮を取り除いて千切りにする。
2 清潔なびんに入れ、完全につかるくらいまではちみつを注ぐ（半日後から使用可能）。

炭酸で割って ジンジャー エールに
お湯で割って ホット ジンジャーに

簡単ドリンクレシピ

ブルーベリー、グレープフルーツ、レモングラスのハニーデトックスウォーター

材料（500mℓの容器１個分）

※保存期間は冷蔵庫で1日

ブルーベリー…20粒
ホワイトグレープフルーツ
　（皮をむいていちょう切り）…$\frac{1}{4}$個
レモングラス…適量
はちみつ（リンデン〈菩提樹〉）
　…小さじ$\frac{1}{2}$～1
ミネラルウォーター…適量

作り方

容器に材料をすべて入れる。冷蔵庫で冷やし、３時間後からが飲みごろ。

オレンジ、パイナップル、キウイのハニーデトックスウォーター

材料（500mℓの容器１個分）

※保存期間は冷蔵庫で1日

オレンジのスライス（皮ごとよく洗ったもの）
　…2枚
キウイのスライス（皮をむいたもの）…3～4枚
パイナップル（皮を除いて1～3cm厚さのいちょう切り）…正味約60g
パセリ…適量
はちみつ（リュウガン）…小さじ$\frac{1}{2}$～1
ミネラルウォーター…適量

作り方

容器に材料をすべて入れる。冷蔵庫で冷やし、３時間後からが飲みごろ。

目の疲れ、冷え性、肌のアンチエイジングに
疲労回復、むくみ、美肌に

いちごとブルーベリー、チアシードのスーパーハニーデトックスウォーター

材料（500mℓの容器１個分）

※保存期間は冷蔵庫で1日

いちご（ヘタを取って½にカット）…4個
ブルーベリー…15粒
レモンのスライス（皮ごとよく洗ったもの）…2枚
チアシード（水でもどしたもの）…大さじ1
はちみつ（レザーウッド）…小さじ½～1
ミント…適量
ミネラルウォーター…適量

作り方

容器に材料をすべて入れる。冷蔵庫で冷やし、３時間後からが飲みごろ。

オレンジ、セロリ、チアシードのスーパーハニーデトックスウォーター

材料（500mℓの容器１個分）

※保存期間は冷蔵庫で1日

オレンジ（よく洗って皮ごといちょう切り）…約½個
セロリ（茎は適当な長さにカット、葉はざく切り）…約⅓本
チアシード（水でもどしたもの）…大さじ1（チアシードなしでも作れる）
はちみつ（百花蜜）…小さじ½～1
ミネラルウォーター…適量

作り方

容器に材料をすべて入れる。冷蔵庫で冷やし、３時間後からが飲みごろ。

HONEY SMOOTHIE
歯と骨を健康に
C
疲れ目に
B
生活習慣病が気になり出したら
A

A

春菊とりんご、オレンジのグリーンスムージー

材料（2人分）

春菊（茎を除いた葉の部分）…30g

りんご（よく洗って皮ごと2cm厚さくらいのくし切り）…1/2個

オレンジ（皮を除いてざく切り）…1/3個

はちみつ（オレンジ）…小さじ2

水…300mℓ

作り方

材料をすべて合わせてミキサーにかける。

B

ラズベリーとブルーベリーのアーモンドミルクスムージー

材料（2人分）

ラズベリー（冷凍）…80g

ブルーベリー（冷凍）…60g

レモン果汁…大さじ1

はちみつ（もみの木）…大さじ1

アーモンドミルク…200mℓ

作り方

材料をすべて合わせてミキサーにかける。

C

小松菜と梨、バナナのグリーンスムージー

材料（2人分）

小松菜（かたい茎を除いた葉の部分）…50g

梨（よく洗って皮ごと2cm厚さくらいのくし切り）…1/2個

バナナ（皮をむいてざく切り）…1本

はちみつ（ローズマリー）…小さじ2

水…300mℓ

作り方

材料をすべて合わせてミキサーにかける。

1日を元気に過ごしたいときに
ダイエット中の強い味方！
C
B
A
SMOOTHIE

A

ブルーベリーとバナナのはちみつ豆乳スムージー

材料（1人分）

- A ブルーベリー（冷凍）…80g
- バナナ（皮をむいて冷凍したもの）…½本
- はちみつ（ラベンダー）…大さじ½
- プレーンヨーグルト…大さじ2
- 豆乳…70㎖

飾り／仕上げ用

- バナナ…適量
- ミント、ブルーベリー、はちみつ（ラベンダー）、ヨーグルト…各適量

作り方

1 飾り用のバナナは輪切りにして星型で抜き、グラスの内側に貼りつける。

2 Aをすべてミキサーにかけ、*1*のグラスに注ぐ。

3 上面にヨーグルトを薄く広げ、ブルーベリーをのせて、はちみつをかけ、ミントを飾る。

B

いちごとりんごのハニースムージー

材料（1人分）

- A いちご（冷凍）…90g
- りんご（よく洗い皮つきで冷凍したもの）…¼個
- レモン果汁…小さじ1
- はちみつ（レザーウッド）…大さじ½
- プレーンヨーグルト…大さじ1
- 水…50㎖

飾り／仕上げ用

- いちご…適量
- はちみつ（レザーウッド）…小さじ½
- ヨーグルト…大さじ2

作り方

1 飾り用のいちごは薄切りにしてグラスの内側に貼りつけ、仕上げ用のヨーグルトにはちみつを加えてよくまぜ、グラスの底に注ぐ。

2 Aをミキサーにかけ、*1*のグラスに注いでいちごを飾る。

C

オレンジとマンゴー、パイナップルのハニースムージー

材料（1人分）

- A オレンジ（皮を取って冷凍したもの）…¼個
- マンゴー（皮を取って冷凍したもの）…½個
- パイナップル（2㎝厚さくらいのいちょう切りにして冷凍したもの）…50g
- はちみつ（エリカ〈ヒース〉）…大さじ½
- プレーンヨーグルト…大さじ2
- 牛乳…50㎖

飾り／仕上げ用

- オレンジ…適量
- ミント、はちみつ（エリカ〈ヒース〉）…各適量

作り方

1 飾り用のオレンジは輪切りにして皮を取り、グラスの内側に貼りつける。

2 Aをすべてミキサーにかけ、*1*のグラスに注ぎ、はちみつをかけてミントを飾る。

ビネガー入りラッシー

材料(1人分)

白ワインビネガー…大さじ1
はちみつ(りんご)…大さじ1〜
プレーンヨーグルト…1/2カップ
水…70㎖

作り方

1 白ワインビネガーとはちみつはよくまぜ、ヨーグルトを少しずつ加えながらまぜる。
2 *1*に水を加えて、さらによくまぜる。

抹茶ハニーレモンソーダ

材料(1人分)

抹茶…小さじ1/3
はちみつレモン漬けの漬け液(41ページ参照)…大さじ1
(はちみつ大さじ2/3とレモン果汁小さじ1〜2でも可)
炭酸水…150㎖

作り方

抹茶とはちみつレモン漬けの漬け液をよくまぜ、炭酸水を注ぐ。

からだの内側から美しく!
朝から元気いっぱいに!

パパイヤとみかんのジュース

材料(1人分)

パパイヤ…1/4個
みかん…1個
はちみつ(オレンジ)…大さじ1/2
水…30〜50㎖

作り方

1 パパイヤは皮と種を取って小さくカットし、みかんは皮をむく。
2 材料すべてをミキサーにかける。

にんじんとグレープフルーツのジュース

材料(1人分)

にんじん…1/2本
グレープフルーツ…1/2個
はちみつ(レザーウッド)…大さじ1/2
水…30㎖

作り方

1 にんじんは皮をむいて小さくカットする。グレープフルーツは皮を取り、房を取り出す。
2 *1*と水、はちみつをミキサーにかける。

酵素たっぷり!肌もからだも元気に
便秘を解消し、脂肪燃焼を促進!

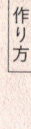

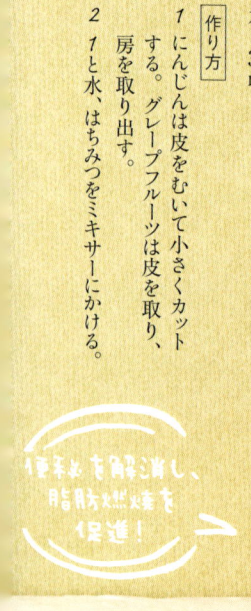

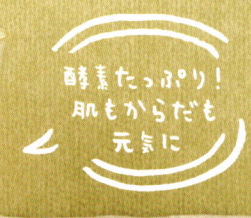

ホットワイン

材料（2人分）

赤ワイン…2カップ
オレンジスライス…3〜4枚
レモンスライス…2枚
はちみつ（レザーウッド）…大さじ1〜
スターアニス…2個
クローブ…3個
シナモン…1本
しょうがスライス…1枚
ナツメグ…少々

作り方

1 なべに赤ワインを注ぎ、はちみつ以外の残りの材料をすべて加えて、弱火で沸騰直前まで温めたら、ふたをして10分ほど蒸らす。
2 味をみて、好みの量のはちみつを加えてカップに注ぐ。

ハニーソイラテ

材料（1人分）

エスプレッソ（または濃いめに淹れたコーヒー）…60㎖
豆乳…60㎖
はちみつ（クローバー）…小さじ1〜

作り方

1 豆乳は沸騰しない程度に温め、エスプレッソと合わせてカップに注ぐ。
2 味をみて、好みの量のはちみつを加えてまぜる。

かぼすハニーティー

材料（1人分）

かぼす…1個
はちみつ（リュウガン）…大さじ½
熱湯…170㎖

作り方

1 かぼすは皮を洗って、表面の皮を半分ほどすりおろす。実はしぼって果汁をとり、種を取り除く。
2 カップに1のすりおろした皮と果汁を入れ、熱湯を注ぐ。
3 はちみつを加えてまぜる。

料理の腕前がワンランクアップする！

はちみつの使い方

はちみつは、フルーツやヨーグルトにかけたり、ドリンクにとかしたりするだけでなく、料理にだって大活躍。使う際のちょっとしたコツや注意を知っていれば、料理の腕前もワンランクアップしそう！

HOW TO

使い方のコツ1
はちみつの使用量は、砂糖の約半分を目安に！

はちみつは、砂糖の約1・3倍の糖度があります。また、砂糖大さじ1が約9gなのに対して、はちみつ大さじ1は約21g。はちみつのほうが重いため、使用するのは少量でOKなのです。砂糖代わりに使用する際は、「約半分の使用量を目安に」と覚えておきましょう。

使い方のコツ2
ぬったり、漬けたりするだけで、肉や魚の臭みが消える！

魚や肉など、臭みが気になる食材にも、はちみつはぴったり！　はちみつの成分がアンモニアと結合して揮発を抑えるため、食材の独特の臭みをしっかり抑えることができます。

使い方のコツ3
表面にぬって、肉をやわらかくジューシーに！

パサつきがちな鶏の胸肉などをジューシーに仕上げるのが、この使い方。はちみつの成分は肉に浸透しやすく、肉の収縮を抑える効果があるので肉がかたくなりません。さらに、表面に残ったはちみつは、焼いたときにカラメル化して肉をコーティング。しっかり肉汁を抱え込むから、パサつかず、ジューシーに。

使い方のコツ4
冷たいほうが甘さを感じる　はちみつの特性を覚えておいて

同じ甘みでも、砂糖は高温だと甘さを感じやすいのに対して、はちみつは高温では甘さを感じにくく、冷たいほうが甘さを感じる性質があります。料理の温度に合わせて、この点も考慮して使用しましょう。

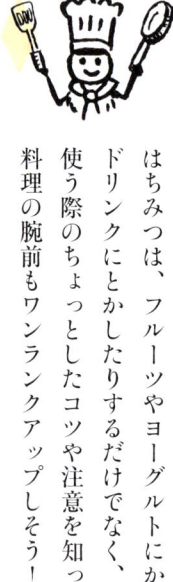

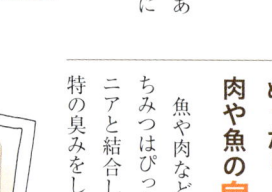

使い方のコツ5

はちみつに熱を不必要に与えない

はちみつは60度を超えると酵素などの栄養成分が減少してしまいます。豊富な栄養成分を生かすためには、不必要に熱を与えないよう気をつけるのがポイントです。

使い方のコツ6

相性抜群の発酵食品と合わせれば、格別な風味に

はちみつは、みそ、ヨーグルト、しょうゆ、酒、チーズなど、発酵食品との相性が抜群！　発酵食品と一緒に調理すれば、相乗効果で風味がより増して、深みのある味わいに。

使い方のコツ7

煮物や料理の仕上げに使うと味が決まる！

筑前煮など煮物の甘みづけにも、ぜひ、はちみつを！　はちみつと一緒に煮込むことで素材の風味が引き出され、素材そのものの味がより一層、楽しめるようになります。また、「なにかひと味足りないな」というときの仕上げに少量のはちみつを加えるのもおすすめ。コクと深みが生まれて、料理の味が決まります。

使い方のコツ8

砂糖、みりんの代わりに使えば、テリやツヤ、香ばしさがアップ

しょうが焼きや肉の照り焼きなど、焼く料理にもはちみつは威力を発揮。糖分が焦げやすい性質のため、表面を香ばしく焼き上げたり、料理にテリやツヤが簡単につけられたりします。逆に焦げ目をつけたくない場合には、火加減に気をつけること。

使い方のコツ9

梅雨時や傷みやすい食材は、はちみつで抗菌！

抗菌力の高いはちみつは、食材を傷みにくくする効果も絶大。お弁当などにも最適です。

簡単お料理レシピ

お料理とも相性抜群のはちみつ。
素材を生かしてさらにおいしくなる
はちみつを使ったレシピを紹介。

野菜がたっぷり食べられる 簡単、極ウマはちみつディップ

材料（1人分）

好みの野菜（きゅうり、大根、にんじん、セロリ、パプリカ、ブロッコリー、カリフラワー、ラディッシュなど）…適量
ディップ4種（左ページ参照）…適量

作り方

1 きゅうり、大根、にんじん、パプリカは好みの大きさにカットし、セロリは筋を取ってからカットする。
2 ブロッコリー、カリフラワーは小房に分けてゆでる。
3 1、2、ラディッシュを器に盛り、ディップを添える。

上／ハニーマスタード（66ページ）
下／ハニーかぼちゃペースト（36ページ）

チーズとバジルのハニーディップ

材料（2人分）
クリームチーズ…大さじ2
バジル…2〜3枚
はちみつ（ユーカリ）…大さじ½
オリーブオイル…小さじ1
にんにく…½片
くるみ…3個

作り方
1 くるみはフライパンで軽く空いりし、あらく刻む。にんにくはすりおろし、バジルはみじん切りにする。
2 1と残りの材料をすべてまぜる。

はちみつみそ

材料（2人分）
みそ…大さじ1と½
はちみつ（トチ）…大さじ½

作り方
みそとはちみつをまぜる。

はちみつ塩

材料（2人分）
粗塩…小さじ½
はちみつ（レザーウッド）…大さじ2

作り方
はちみつに塩を加えてまぜる。

ハニー柚子胡椒マヨネーズディップ

材料（2人分）
マヨネーズ…大さじ2
柚子胡椒…小さじ½
はちみつ（みかん）…大さじ½
しょうゆ…小さじ¼

作り方
材料をすべてまぜる。

はちみつみその野菜いため

材料（2人分）

じゃがいも…1と1/2個
アスパラガス…3本
れんこん…80g
はちみつみそ（53ページ参照）…大さじ2/3
しょうゆ…小さじ1
白いりごま…適量
パクチーまたは三つ葉など…適量

作り方

1 アスパラガスは3cm長さに切り、れんこんは5mmくらいのいちょう切りにする。じゃがいもは皮をむいて一口大に切る。それぞれかための塩ゆでにし、ざるにあげて水けをきる。

2 じゃがいもを再びなべに入れ、火にかけて表面の水分を飛ばす。

3 フライパンにサラダ油少々（分量外）を熱し、1と2を入れる。はちみつみそを加えていため、最後にしょうゆを加える。

4 器に盛って、白いりごまを振り、パクチーを適当な大きさに切ってのせる。

おすすめはちみつ

コーヒー　アーモンド

和食にもぴったり♡

少量でも
大満足！

はちみつみその生麩田楽

はちみつ
＋
みそ

材料（2人分）

生麩（よもぎ、白）…合わせて150g
はちみつみそ（53ページ参照）…大さじ1
はちみつ（百花蜜）…小さじ1
酒…大さじ1
木の芽…適宜

作り方

1 はちみつみそにはちみつ、酒を合わせてなべに入れ、なめらかになるまで火にかける。

2 生麩は食べやすい大きさにカットし、1～2分湯通しして水けをきり、フライパンにサラダ油（分量外）を熱し、全面を焼く。

3 2に1をのせ、好みで木の芽を飾る。

おすすめはちみつ

百花蜜　オレンジ

野菜とも相性抜群

やさしいはちみつ

ハニーキャロットラペ

材料（2人分）

にんじん…1本
オレンジ…1/4個
レーズン…15g
A オリーブオイル…大さじ1
　はちみつ（ユーカリ）
　…大さじ1/2
　レモン果汁…少々
　白ワイン…小さじ1
　塩、ブラックペッパー
　…各少々

作り方

1 にんじんは皮をむいてスライサーで細い千切りにし、塩少々を振ってよくもむ。
2 レーズンはぬるま湯につけてもどし、水けをきって*1*に加える。
3 オレンジは皮をむき、房から果肉を取り出す。果汁はしっかりしぼる。
4 Aと*3*の果汁を合わせて、*1*に加える。
5 *3*のオレンジの果肉を加えてあえ、器に盛る。

おすすめはちみつ

レモン　ユーカリ

にんじんをもりもり食べられる！

トマトがまるでデザートに

ミニトマトのハニー白ワイン漬け

材料（2人分）

ミニトマト…10個
はちみつ（百花蜜）…大さじ1
白ワイン…小さじ1
レモン果汁…小さじ1
ミント、レモングラス…あれば各少々

作り方

1 ミニトマトはヘタを取り、包丁の先で皮を刺してから熱湯に入れ、皮が弾けたら冷水にとって皮をむく。
2 *1*と残りの材料をまぜ、1時間〜半日漬け込む。冷やして食べるとおいしい。

おすすめはちみつ

リンデン〈菩提樹〉　百花蜜

Greens

ハニーコールスロー

材料（4人分）

キャベツ…300g
にんじん、玉ねぎ…各$\frac{1}{4}$個
はちみつ（アカシア）…適量
粗塩…適量
ホワイトペッパー…少々
A サラダ油、酢…各大さじ1と$\frac{1}{2}$
マヨネーズ…大さじ1
はちみつ（アカシア）…大さじ$\frac{2}{3}$

作り方

1 キャベツは1cm幅にカットする。にんじんは千切りにし、玉ねぎは薄くスライスする。

2 キャベツの水けを軽くきって、はちみつ小さじ2、塩小さじ1を加えてまぜ、しんなりするまで20分ほどおく。にんじんと玉ねぎも、塩1つまみとはちみつ少々を加えてまぜ、キャベツ同様におく。

3 Aを合わせてまぜ、2の汁けをきってあえたら、塩少々、ホワイトペッパーを振ってまぜる。2～3時間おいて味がなじんだら食べごろ。

おすすめはちみつ

ショウシ　アカシア

忙しい朝にミラクル重宝

アボカドトマトのはちみつがけ

材料（2人分）

トマト…1個
アボカド…1個
はちみつ（アーモンド）…大さじ2
オリーブオイル…大さじ2

作り方

1 アボカドは種と皮を取って1～2cmの角切りに。トマトもアボカドと同じくらいの大きさの角切りにする。

2 はちみつを全体にからめ、上からオリーブオイルをかける。好みではちみつ（分量外）をかける。

おすすめはちみつ

ラベンダー　アーモンド

Love

毎日のサラダにはちみつをプラス

バーモントドレッシング

材料（作りやすい分量）

りんご…1/2個
はちみつ（百花蜜）…大さじ1/2
にんにく…1/3片
マスタード…大さじ1/2
レモン果汁…大さじ1
白ワインビネガー…大さじ1
オリーブオイル…大さじ3
塩…小さじ1/4
ホワイトペッパー…少々

作り方

1 りんごは皮ごとよく洗い、皮を厚めにむく。皮を5㎜角にカットし、残りは芯と種を取り除いてすりおろす。にんにくもすりおろす。

2 1と残りの材料をすべてまぜ合わせる。

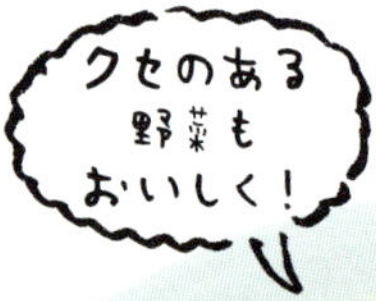

クレソンと卵のバーモントサラダ

材料（2人分）

クレソン（食べやすい大きさに切る）…1束
貝割れ菜…20g
レタス（食べやすい大きさにちぎる）…3〜4枚
ゆで卵…2個
バーモントドレッシング（上記参照）…適量
はちみつ（百花蜜）…適宜

作り方

1 ゆで卵はあらく刻み、クレソン、貝割れ菜、レタスを加えて軽くまぜ、バーモントドレッシングであえる。

2 器に盛り、好みではちみつをかける。

おすすめはちみつ

百花蜜

りんご

ラディッシュとグレープフルーツときゅうりのハニースープサラダ

材料（2人分）

ラディッシュ…5個
きゅうり…½本
グレープフルーツ…½個
イタリアンパセリ…適量
はちみつ（レザーウッド）
…大さじ1

A 塩…少々
ホワイトペッパー
…少々
サラダ油…大さじ2
赤ワインビネガー
…大さじ1と½

作り方

1 ラディッシュは薄切り、きゅうりはところどころ皮をむいて薄切りにする。
2 グレープフルーツは皮をむいて果肉を取り出しあらく刻む。果汁をしぼり、はちみつを加えて1と合わせる。
3 別ボウルにAをすべてまぜ合わせ、2に加えてあえる。イタリアンパセリを刻んでまぜ、味がなじむまで漬け込む。
4 器に盛り、好みではちみつ（分量外）をかける。

おすすめはちみつ

レザーウッド

みかん

ダイエットに！
デトックス
スープサラダ

爽やかな
酸味と甘みの
マリアージュ

ハニーヨーグルトドレッシング

材料（作りやすい分量）

プレーンヨーグルト…大さじ2
レモン果汁…小さじ1
はちみつ（リンデン〈菩提樹〉）
…小さじ2
オリーブオイル…大さじ½
塩…1つまみ

作り方

すべての材料をまぜ合わせる。

おすすめはちみつ

リンデン〈菩提樹〉

クローバー

きゅうりとキウイのハニーヨーグルトサラダ

材料（2人分）

きゅうり…½本
キウイ…1個
ベビーリーフ…適量
ハニーヨーグルトドレッシング（右記参照）…適量
レモンの表皮（すりおろす）
…適量

作り方

1 きゅうりはところどころ皮をむいて一口大の乱切りに。キウイも乱切りに。
2 1をハニーヨーグルトドレッシングとまぜる。器にベビーリーフを盛り、その上にのせる。
3 レモンの表皮を散らす。

野菜の煮物にもはちみつをプラス

かぼちゃのそぼろあんかけ

材料（2人分）

かぼちゃ（種とワタを取り除いた正味量）…150g
豚ひき肉…40g
だし…½カップ
酒…大さじ1
はちみつ（百花蜜）…小さじ1と大さじ1と½
しょうゆ…小さじ2
塩…少々
はちみつしょうが漬け（41ページ参照）またはしょうがのすりおろし…適量
水ときかたくり粉…水小さじ1＋かたくり粉小さじ½

作り方

1 ひき肉にはちみつ小さじ1を全体になじませて少しおいたら、なべに入れてポロポロになるまでいためる。

2 かぼちゃは一口大にカットして1に加え、だし、酒、はちみつ大さじ1と½を加えて火にかける。沸騰したら弱火にしてアクを取り、落としぶたをして5分ほど煮たら、しょうゆ、塩を加え、かぼちゃがやわらかくなるまで煮る。

3 落としぶたを外し、水ときかたくり粉を加えてとろみをつけ、器に盛ってはちみつしょうが漬けをのせる。

おすすめはちみつ

そば　りんご

筑前煮

材料（4人分）

鶏もも肉…1枚
A はちみつ（エリカ〈ヒース〉）
…大さじ1
しょうゆ…大さじ½
酒…大さじ½
ごぼう…70g
里芋…2個
れんこん…70g
にんじん…½本
こんにゃく…½枚

B 干し椎茸…4枚
干し椎茸のもどし汁＋水
…1カップ
昆布…5㎝角1枚
はちみつ（エリカ〈ヒース〉）
…大さじ1〜
酒…大さじ2
しょうゆ…大さじ½
しょうゆ（仕上げ用）…大さじ½
絹さや…8枚

作り方

1 鶏もも肉は8等分にし、Aと合わせる。

2 干し椎茸は水でもどし、石づきを除いて4等分にする。ごぼうは皮ごとたわしで洗って乱切りにして酢水（分量外）にさらす。れんこんも皮をむいて乱切りにして、酢水にさらす。

3 里芋は皮をむいて一口大に切り、酢水にさらす。にんじんは乱切りに。こんにゃくは水から下ゆでしてアク抜きをし、スプーンなどで一口大に切る。

4 なべにごま油（分量外）を熱して1を入れ、表面の色が変わるまでいためたら、2、3を加えて軽く全体に油がまわる程度にいためる。

5 4にBを加え、落としぶたをして15分ほど煮る。アクを取って、しょうゆ大さじ½を加え、ふたをせずに5〜6分煮て、仕上げ用のしょうゆを加えて、なべを揺すりながらまぜる。

6 絹さやはヘタと筋を取って熱湯でさっと塩ゆでし、斜めにカットする。5を器に盛って絹さやを散らす。

おすすめはちみつ

アカシア　エリカ〈ヒース〉

ごはんと
おみそ汁にも

旨みのある
ふっくら
ごはんに

まろやかで
コクのある
味わいに

白米の炊飯

材料（米2合分）

白米…2合
水…450㎖
（炊飯器の2合の表示に合わせる）
はちみつ（みかん）…小さじ2

作り方

白米は洗い、水とはちみつを加えて30分以上浸水し、通常どおり炊く。

おすすめはちみつ

みかん

れんげ

みそ汁

材料（2人分）

はちみつみそ（＊）
…大さじ1と½～大さじ2
だし…2カップ
好みの具材…適量
＊好みのみそ150gにはちみつ小さじ1を加えてよくまぜ、1週間以上寝かせたもの

作り方

1 だしに具材（とうふやわかめなどすぐ火が通るもの以外）を入れて、火を通す。

2 はちみつみそをとき入れ（とうふやわかめなどはこの直後に入れる）、煮えばなで火を止める。

おすすめはちみつ

アカシア

リュウガン

Q and A

はちみつを入れるとどうなるの？

ごはんがふっくら炊ける

はちみつに含まれる果糖とブドウ糖が保湿性を高め、消化酵素のアミラーゼが米のでんぷんの一部を分解して麦芽糖に変えるため米の旨みが引き出される。

みその味がまろやかに

発酵食品との相性がよいため、みそに加えると相乗効果で奥行きがあるまろやかな風味に。

肉にも魚にも

豚肉のしょうが焼き

材料（2人分）

豚ロース薄切り肉（しょうが焼き用）…200g
しょうゆ…大さじ1と1/2
酒…大さじ1
はちみつしょうが漬け（41ページ参照）…大さじ1（はちみつ大さじ1としょうがの千切り1片分でも可）
玉ねぎのすりおろし…1/8個分
キャベツの千切り、ミニトマト…各適量
サラダ油…少々

作り方

1 しょうゆ、酒、はちみつしょうが漬け、玉ねぎのすりおろしを合わせ、肉を漬ける。

2 *1*の汁けをきり、フライパンにサラダ油を熱して入れ、両面を焼く。軽く焼き色がついたら*1*の残りの漬け液を入れ、煮詰めて豚肉にからめる。

3 器にのせ、キャベツの千切りとミニトマトを添える。

おすすめはちみつ
トチ　みかん

おすすめはちみつ

タイム　リュウガン

焼き豚

材料（2〜3人分）

豚肩ロースかたまり肉…400g
酒…½カップ
しょうゆ…½カップ
はちみつ（リュウガン）…大さじ3
A にんにく…½片
しょうがの薄切り…2枚
八角…小1個
花椒（ホワジャオ）…小さじ½
赤とうがらし…1本
白ねぎの青い部分…5㎝程度
パクチー…適量

作り方

1 豚肉の全体にはちみつ（分量外）をぬる。

2 なべに酒としょうゆを煮立たせ、Aを入れて再び煮立たせ、そのまま冷ます。途中、あら熱がとれたらはちみつを加えてまぜる。

3 2が冷めたら厚手のファスナーつき保存袋に入れ、1を加えてそのまま一晩漬け込む。

4 天板にアルミホイルをしき、3の肉をのせて漬けだれを全体にぬる。180度のオーブンで15分焼き、ひっくり返して再び全体に漬けだれをぬってさらに15分焼く。

5 肉の中央を竹ぐしで刺して、澄んだ肉汁が出てくるようになるまで焼く（表面が焦げすぎるようなら温度を160度くらいに下げる）。

6 残りの漬けだれをなべに入れて⅓程度の量になるまで煮詰める。

7 5が手で触れるくらいに冷めたら、カットして器に盛り、6とパクチーを添える。

Juicy
パサつきがちな
鶏胸肉が
ジューシーに

おすすめはちみつ

レモン　クリ

ハニーチキンサンド

材料（1人分）

バゲット…1/3本
鶏胸肉…1/2枚
好みの野菜…適量
はちみつ（タイム）、バター…各適量
塩、ホワイトペッパー…各少々

はちみつしょうゆドレッシング

A 白ワインビネガー、オリーブオイル…各大さじ1/2
しょうゆ、はちみつ（クリ）、レモン果汁…各小さじ1
ごま油、塩、ホワイトペッパー…各少々

ハニーマスタード

B 粒マスタード…大さじ1
はちみつ（クリ）…小さじ1

作り方

1 鶏胸肉は上1/2のところをナイフで切り目を入れて開き、はちみつを両面にぬって5～10分おいたら、両面に塩、ホワイトペッパーを振って両面を焼く。

2 A、Bはそれぞれ、まぜ合わせておく。

3 バゲットは上1/2のところをナイフで切り目を入れて開き、バターをぬって野菜をのせ、Aをかける。

4 *1*をのせ、Bをかける。

えびのハニータルタルディップ添え

材料（作りやすい分量）

えび（ボイルしたもの）…好みの量

タルタルディップ

ゆで卵…1個

玉ねぎ…1/4個

パセリ（イタリアンパセリでも）…適量

A レモン果汁…小さじ1

はちみつ（ラベンダー）…小さじ1/2

白ワインビネガー…小さじ1

塩、ホワイトペッパー…少々

マヨネーズ…大さじ1と1/2

作り方

1 玉ねぎはみじん切りにして水にさらし、ゆで卵とパセリもみじん切りにする。

2 Aをすべてまぜ合わせ、玉ねぎの水けをしっかりときってあえ、ゆで卵とパセリも加えてまぜる。

3 えびに2を添える。

おすすめはちみつ

ひまわり　ラベンダー

おすすめはちみつ

ユーカリ　クローバー

鮭のムニエルハニータルタルディップ添え

材料（2人分）

生鮭の切り身…2切れ

薄力粉…適量

はちみつ（クローバー）…適量

塩、ホワイトペッパー…各適量

バター…10g

ハニータルタルディップ（上記参照）…適量

作り方

1 生鮭の全体にはちみつをぬって5〜10分おいた後、表面の水けをふき取る。塩とホワイトペッパーを軽くかけて、薄力粉を全体につける。

2 フライパンにサラダ油（分量外）を熱して中火でさっと焼き、弱火にして色が半分変わったら裏返して両面を焼く。

3 フライパンの油をペーパータオルでふき取り、バターを入れて火を止め、バターをとかしながら鮭にからめて器に盛る。

4 ハニータルタルディップを添える。

いわしの蒲焼き

材料（3～4人分）

いわし…3～4尾

A しょうゆ…大さじ2

酒…大さじ2

はちみつ（ユーカリ）…大さじ1

ししとう…6～8本

サラダ油…適量

長ねぎの白い部分…適量

作り方

1 いわしは頭とワタを除いて開き、骨を取る。Aを合わせていわしを漬ける。

2 フライパンにサラダ油少々を熱し、ししとうを焼いて取り出す。

3 *2*のフライパンにサラダ油少々を足し、*1*の汁けをきって入れ、両面を焼いて取り出す。

4 *3*のフライパンに*1*の残りの汁を入れて少し煮詰め、*3*にかける。

5 器に盛り、*2*を添える。ねぎを細く切って白髪ねぎを作り、のせる。

おすすめはちみつ

オレンジ　ユーカリ

ぶりと大根の煮物

材料（2人分）

ぶりの切り身…2切れ
大根…270g
だし…2カップ
酒…1/4カップ
はちみつ（百花蜜）…大さじ1と大さじ2
しょうゆ…大さじ3

作り方

1 大根は2㎝厚さの半月切りにして面とりし、かためにゆでる。
2 ぶりは4等分し、はちみつ大さじ1を全体にかける。
3 なべに1とだし、酒、はちみつ大さじ2を入れて火にかけ、煮立ったら2を入れる。
4 再び煮立ったらアクを取り、しょうゆを加えて弱火にする。ぶりは火が通ったら取り出し、大根は味がしみるまで煮る。
5 ぶりを戻し、温まったら器に盛る。

おすすめはちみつ

れんげ　百花蜜

簡単スイーツレシピ

花の香りが口いっぱいに広がる
はちみつとスイーツの組み合わせは、
まさに至福のマリアージュ。
砂糖より低カロリーなのがうれしい。

SWEETS
花の香りが
口の中に広がって
しあわせ気分に

はちみつパンケーキ

材料（直径12cm 約3枚分）

A 薄力粉…70g
　ベーキングパウダー…1g
　重曹…1g
　塩…1つまみ
B プレーンヨーグルト…30g
　はちみつ（みかん）…10g
　牛乳…50mℓ
卵…1個
無塩バター…20g
はちみつアイスクリーム（下記参照）…適量
はちみつ（みかん）…適量

作り方

1 Aは合わせて振るう。
2 Bを合わせてまぜ、卵、湯煎でとかした無塩バターの順に加えてまぜる。
3 1に2を少しずつ加え、粉けがなくなるまでまぜる。
4 フッ素樹脂加工のフライパンを油をひかずに熱し（フッ素樹脂加工でない場合は少量のサラダ油かバターをひく）、一度、濡れふきんの上にフライパンをのせる。
5 生地を必要量流し、中弱火で焼く。表面に泡が1/3程度浮き上がって割れ出したら、再びフライパンを濡れふきんの上にのせ、生地をひっくり返す。
6 5を中弱火で1〜2分焼き、フライ返しを生地の下に通すと生地がさっと動くようになったら取り出す。
7 はちみつアイスクリームをのせ、上からはちみつをかける。

おすすめ
はちみつ

みかん

ひまわり

はちみつアイスクリーム

材料（200g 4人分）

牛乳…65mℓ　はちみつ（レザーウッド）…35g
バニラ棒…少々　生クリーム…90mℓ
卵黄…2個分

作り方

1 卵黄、牛乳とバニラ棒を合わせてよくまぜ、なべで弱火に当てながらとろみをつける。
2 1をこし、はちみつを加えてまぜ、氷水に当てて冷やす。
3 生クリームをしっかり泡立て、2とまぜてバットなどに流して冷凍する。
4 3が固まりかけたら取り出し、フードプロセッサーにかけて（またはスプーンなどでバットの中をよくかきまぜて）、再び冷凍する。これを2〜3回繰り返す。
5 固まったら、温めたスプーンやアイスクリームディッシャーですくって器に盛る。

おすすめ
はちみつ

レザーウッド

リンデン〈菩提樹〉

おすすめはちみつ

りんご

レザーウッド

ヨーグルトハニーアイスキャンディー

材料（アイスキャンディー用型 4本分）

プレーンヨーグルト…100g
生クリーム…70㎖
はちみつ（レザーウッド）…30g
レモン果汁…小さじ1
好みのフルーツ（キウイ、オレンジ、パイナップルなど）…適量
はちみつ（レザーウッド）…適量

作り方

1 表面に模様として見せたいフルーツは薄切りに、それ以外は小さくカットし、全体にからむ程度のはちみつ（適量）をかけて、冷蔵庫で半日ほどおく。
2 ヨーグルトにレモン果汁、はちみつ30gを加えてまぜる。ここに泡立てた生クリームを合わせてまぜる。
3 模様として出したいフルーツをアイスキャンディーの型に竹ぐしなどで貼りつける。
4 2の少量を型に流し入れ、小さくカットしたフルーツと交互になるように入れていく。
5 ふたをしてキャンディー用の棒を刺して冷凍庫で冷やし固める。
6 型を水に当てて取り出す。

エディブルフラワーハニーゼリー

材料（直径6㎝の丸型製氷皿の下の部分3個分または50㎖の容器3個分）

水…150㎖
粉末寒天…2g
はちみつ（ラベンダー）…大さじ1と½
レモン果汁…小さじ1
エディブルフラワー（食用花）…適量

作り方

1 なべに水と粉末寒天を入れてまぜながら煮とかし、沸騰したら吹きこぼれない程度の火にして1～2分ほどまぜながら沸騰を続ける。

2 火を止め、レモン果汁、はちみつを加えて型に少量流す。エディブルフラワーを入れて残りの液体を流し、冷蔵庫で冷やし固める。

3 固まったら指で軽く押さえて型との間に隙間を作り、そっと取り出す（外しにくいときはほんの少しぬるま湯に当てる）。

おすすめはちみつ

レモン　ラベンダー

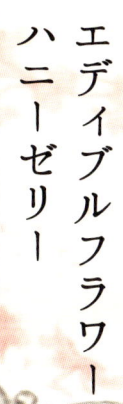

はちみつ フレンチトースト

材料（5㎝の厚みのバゲット4個分）

A 卵…1個
牛乳…100㎖
はちみつ〈エリカ〈ヒース〉〉…10g

無塩バター…15g

はちみつ〈エリカ〈ヒース〉〉…適量

生クリーム…30g

ミント…適量

いちご、ブルーベリー…各適量

作り方

1 Aはよくまぜ合わせる。

2 バットにパンを並べ、*1*を注いで浸す。途中一度裏返し、合計10〜15分浸す。

3 フライパンにバターを熱し、*2*を入れて中火弱で焼く。焦げ目がついたら裏返し、焦げ目がつくまで焼く。

4 *3*を器に盛り、生クリームにはちみつ1gくらい（分量外）を加えて泡立て、いちごとブルーベリーとともに添える。上から好みではちみつをかけ、ミントを添える。

おすすめはちみつ

エリカ〈ヒース〉

みかん

はちみついちごジャム

材料（作りやすい分量）

いちご（ヘタを取った正味量）…400g

はちみつ（アカシア）…80g

レモン果汁…大さじ1

作り方

1 いちごは手早く洗ってヘタを取り、ペーパータオルなどで水けをしっかり取る。

2 大きいいちごは半分にカットしてボウルに入れ、はちみつを全体にからませて1時間ほどおく。

3 なべに2を入れ、強火で焦げないように時々木べらでまぜ、アクをていねいに取り除く。

4 アクが出なくなったらレモン果汁を加えて2~3分煮立たせ、とろりとしてきたらでき上がり。

5 熱いうちに清潔なびんに詰め、ふたをして逆さまにして冷ます。

おすすめはちみつ

アカシア

オレンジ

保存びんの煮沸について

きれいに洗ったふたとびんを水を張ったなべに沈めて 10 ～ 15 分グラグラと煮立たせて煮沸。熱いうちにトングなどで清潔なふきんの上に取り出し、完全に水けをきる。保存は常温で半年ほど。開封後は冷蔵保存。煮沸が面倒なときには、びんに 35 度以上のアルコール度数の高いホワイトリカーを適量入れてふたをし、よく振って消毒し、乾かしてから使っても OK。ただし、1 ～ 2 カ月の短期間の保存向き。

バーモントバニラジャム

材料（作りやすい分量）

りんご（皮、種、芯を除いた正味量）…400g

はちみつ（百花蜜）…90g

レモン果汁…大さじ1

バニラ棒…½本

作り方

1 りんごは皮をむき、芯と種を取り除いて4等分し、さらに5㎜厚さくらいの薄切りにしたら、はちみつをからませて5分ほどおく。

2 なべに1をすべて入れ、強火で焦げないように時々木べらでまぜる。アクをていねいに取り除き、全体がしんなりしてきたらバニラを2枚に裂いて中のビーンズを取り出して加え、さやも加える。

3 水分が飛んだらレモン果汁を加え、7~8分煮立たせたらでき上がり。熱いうちに清潔なびんに詰め、ふたをして逆さまにして冷ます。

おすすめはちみつ

百花蜜

りんご

はちみつレモンマドレーヌ

材料（マドレーヌ型 5個分）

卵…½個
はちみつ（ユーカリ）…小さじ1と½
はちみつレモン漬け（41ページ参照）…レモン1枚と漬け液小さじ1（レモンのスライス1枚をはちみつ小さじ1でマリネしてレモンが少ししんなりしたものでも可）
牛乳…15㎖
A 薄力粉…20g
　強力粉…20g
　ベーキングパウダー…3g
無塩バター…30g
はちみつ（ユーカリ）
　仕上げ用…適量

作り方

1 型にバター（分量外）をぬり、強力粉（分量外）をはたく。
2 卵はときほぐす。レモンを細かくカットして加え漬け液、はちみつ、牛乳を加えて泡立て器でまぜる。
3 合わせて振るっておいたAを加えてまぜる。
4 無塩バターを湯煎でとかし、加えてまぜ、冷蔵庫で1時間ほど休ませる。
5 型の八分目ほどまでにしぼり出し、210度のオーブンで10～12分焼く。
6 焼き上がってあら熱がとれたら、はちみつを細い口金をつけたしぼり袋に入れて、山になっている部分にしぼり入れる。

TEA TIME
しっとり and
とろ～り
2つの食感が
楽しい

おすすめはちみつ
みかん
ユーカリ

ハニーフルーツポンチ

材料（2人分）

水…$\frac{1}{2}$カップ
はちみつ（レザーウッド）…大さじ2
好みのフルーツ…適量

作り方

1 水にはちみつを入れてよくまぜる（しばらくおいておくととける。急ぐ場合は、ぬるま湯にとかす）。

2 フルーツを一口大にカットして*1*につけ（フルーツがひたひたになるくらいの量が目安）、冷蔵庫でしっかり冷やす。

おすすめはちみつ

リュウガン

レザーウッド

小腹がすいたとき
罪悪感のない間食・夜食

HEALTHY

美容効果抜群！
ヘルシーおやつ

131kcal

とうふ抹茶はちみつ

材料（1人分）

好みのとうふ…適量
はちみつ（百花蜜）…適量
抹茶…適量

作り方

器にとうふを盛り、はちみつをかけて、抹茶を振りかける。

おすすめはちみつ

ショウシ

トチ

おやつにも

さつまいも はちみつ

材料（2人分）

さつまいも…100g
バター…10g
はちみつ（リンデン〈菩提樹〉）…適量
黒いりごま…適量

作り方

1 さつまいもは皮ごと水洗いし、濡れたままラップで包んで電子レンジ600Wで2～3分加熱する（竹ぐしがすっと刺さるまで加熱する）。あら熱がとれたら一口大に切る。

2 フライパンを熱してバターをとかし、*1*を加えて全体にバターがまわる程度に火を入れる。

3 器に盛って、はちみつと黒ごまをかける。

おすすめ
はちみつ

リンデン〈菩提樹〉

オレンジ

166kcal

お夜食にも

はちみつ入りチーズオムレツ

材料（1〜2人分）

A 卵…2個
　牛乳…大さじ1
　塩、ホワイトペッパー
　…各少々
玉ねぎ…1/8個
ベーコン…1/2枚
ズッキーニ…1/4個
スライスチーズ
（とけるタイプ）…1枚
はちみつ（クローバー）
…小さじ1
バター…5g
好みの葉物
（クレソンやイタリアンパセリ、バジルなど）…適量

作り方

1 玉ねぎはみじん切り、ベーコンとズッキーニは5〜7㎜の角切りに。フライパンにオリーブオイル（分量外）を熱して、全体に火が入るまでいためてから取り出し、はちみつをからめる。
2 Aをすべてまぜる。
3 フライパンを再び熱してバターの半量をとかしたら2を流し、ざっくりと半熟状態になるまでまぜたら1を加える。スライスチーズを細かく切って加える。
4 形を整えて器に盛り、好みの葉物を添える。

198kcal

定番のオムレツがたちまち豪華に
Grade Up

おすすめはちみつ

レモン　ユーカリ

はんぺんの簡単和風 はちみつソースグラタン

材料（1～2人分）

はんぺん…1枚
ピザ用チーズ…適量
はちみつしょうゆだれ（左記参照）…大さじ1と½
長ねぎの白い部分…適量

作り方

1 グラタン皿にはんぺんを3～4cm角にカットしてのせ、はちみつしょうゆだれをかけ、ピザ用チーズをのせる。

2 オーブントースターでチーズに焦げ目がつくまで焼き、長ねぎを白髪ねぎにしてのせる。

はちみつしょうゆだれ

材料（作りやすい分量）

A しょうゆ…大さじ2
はちみつ（アカシア）…大さじ1
酒…大さじ½
白いりごま…小さじ1
にんにく…½片
しょうが…½片
みそ…小さじ½
一味とうがらし…2振り

作り方

Aとみそをまぜる。にんにくとしょうがをすりおろして順に加え、一味とうがらしを加えてまぜる。

イエーイ
ボリューミーなのに低カロリー
179kcal

おすすめはちみつ

りんご　アカシア

ハニーキャロットポタージュ

材料（2人分）

にんじん…½本
玉ねぎ…⅛個
トマト…¼個
にんにく…½片
バター…10g
塩、ホワイトペッパー…各少々
水…1カップ
野菜ブイヨン（顆粒）…½袋
生クリーム…大さじ3
はちみつ（オレンジ）…小さじ2〜4
パセリ（あればイタリアンパセリのみじん切り）…適量

作り方

1 にんじん、玉ねぎ、にんにくはみじん切りにする。トマトはぶつ切りにする。
2 なべにバターをとかし、玉ねぎとにんにくをいためる。玉ねぎの表面が透明になったらにんじんを加えて軽くいため、トマトを加える。
3 水と野菜ブイヨンを加えて、にんじんがやわらかくなるまで弱火で煮たら、ミキサーにかけ（または裏ごしして）、なべに戻す。
4 生クリームを加えて煮立たせない程度に温め、味をみて塩、ホワイトペッパーで味を調える。
5 器に注ぎ、パセリを散らし、はちみつをかける。

免疫力を高める栄養たっぷりスープ

170kcal

おすすめはちみつ

タイム　オレンジ

ハニージンジャーヴィシソワーズ

材料（4人分）
じゃがいも
…300g（大2個）
玉ねぎ…1/2個
バター…10g
塩…小さじ1/4〜1/3
ホワイトペッパー…少々
水…2カップ
コンソメキューブ…1個
牛乳…1カップ
生クリーム
…1人分大さじ1程度
はちみつしょうが漬け
（41ページ参照）
…漬け液含めて1人分
小さじ1程度

作り方
1 じゃがいもは皮をむき、1〜2㎜厚さの薄切りにして水にさらす。玉ねぎはみじん切りにする。
2 なべにバターをとかして玉ねぎの表面が透き通る程度にいためたら、じゃがいもの水けをきって加えてさっといため、塩、ホワイトペッパーを加えて軽くまぜる。
3 水とコンソメキューブを加えて材料がやわらかくなるまで煮たら、ミキサーにかけ（または裏ごしして）、なべに戻す。
4 牛乳を加えてまぜ、塩、ホワイトペッパー（各分量外）で味を調えて冷やす。
5 器に注ぎ、好みで生クリームをかけ、はちみつしょうが漬けを中央にのせる。

194kcal

むくみを解消し、ダイエットをサポート

おすすめはちみつ

クローバー　ローズマリー

はちみつ豆乳担々麺

材料（1人分）

そうめん…1束
豚ひき肉（または合いびき肉）…50g
しょうがのみじん切り…1/2片分
はちみつみそ（53ページ参照）…大さじ1/2（みそ小さじ1とはちみつ小さじ1/2でも可）
しょうゆ…小さじ1
A 水…150mℓ
　豆乳…1/2カップ
　はちみつみそ…小さじ1
青ねぎの小口切り…適宜
ラー油…適量
白いりごま…適量
はちみつ（みかん）…適量

作り方

1 フライパンを熱してサラダ油（分量外）少々を加え、ひき肉、しょうが、はちみつみそ、しょうゆを入れていためる。
2 そうめんはかためにゆでて、冷水に当ててよく水洗いし、水けをきる。
3 なべにAを入れて火にかけ、沸騰直前になったら2を加えて温める。
4 器に3を盛り、1と好みでねぎ、ラー油、はちみつをかけ、白いりごまを散らす。

美味

おすすめはちみつ
アーモンド
ひまわり

辛みがまろやかに

443kcal

はちみつ

海鮮チヂミ

材料（3〜4人分 直径28cmのフライパン）

シーフードミックス（冷凍）…100g
はちみつ（トチ）…小さじ2
ニラ…½束
にんじん…30g
玉ねぎ…¼個
A 薄力粉…70g
かたくり粉…30g
水…1カップ
鶏がらスープのもと…少々（なければ塩）
卵…1個
ごま油…適量
B しょうゆ…大さじ1と½
米酢…大さじ1
はちみつ（トチ）…小さじ1
一味とうがらし…少々

作り方

1 シーフードミックスは解凍し、はちみつをまぜ合わせる。
2 ニラは5cm程度の長さにカット、にんじんも5cm長さの細い棒状に。玉ねぎは薄切りにする。
3 Aをまぜ、1の水けをきって2と一緒に加える。
4 フライパンにごま油を熱し、3を流して中強火で焼く。表面に焼き色がついたらふたをして弱火に。中まで火が通ったらひっくり返して、ふたをせずに中強火で焼き色をつける。
5 Bをすべてまぜ合わせてたれを作る。
6 4をカットして器に盛り、5を添える。

はちみつ はなぜからだにいいの？

栄養成分が豊富！その数、なんと300種類！

はちみつには約300種とも言われる、ビタミン、ミネラルなどの栄養成分が豊富に含まれています。ミツバチが採集する花の蜜や花粉には、たんぱく質、ビタミン、カルシウム、カリウム、鉄など、からだに必要なミネラルのほとんどが含まれているため。まさに、はちみつは、優れた健康食品なのです。

はちみつの主成分とその働き

- **果糖、ブドウ糖などの糖**
  脳やからだを動かすためのエネルギー源に
- **カリウム**
  心臓や筋肉機能の調整に不可欠で、血圧を下げる
- **鉄、銅、葉酸**
  増血効果があり、貧血を改善する
- **グルコン酸**
  ビフィズス菌を増やし、免疫力を高める
- **ビタミンB_2、B_5、B_6、ビタミンCなど**
  肌をきれいに
- **グルコースオキシターゼ**
  グルコース（ブドウ糖）を分解して過酸化水素を形成。殺菌、美白効果

すぐにからだに吸収され、素早くエネルギーになる

ごはんやパン、砂糖といった糖質は、ビタミンB_1や、消化器などから出るさまざまな酵素を使ってブドウ糖と果糖に分解してから消化吸収し、エネルギーとして使われます。一方、はちみつはミツバチが花蜜をすでに分解し、それ以上消化する必要のないブドウ糖と果糖が主成分。そのため、胃腸への負担が軽く、ビタミンやカルシウムの浪費もないため、からだへ素早く吸収されます。脳への素早い栄養源や疲労回復、運動中のエネルギー補給としても効果的です。

砂糖より甘みが強く低カロリー。ダイエットの味方です！

はちみつの甘味度は、同じ重さの砂糖（上白糖）の約1・3倍。さらに、上白糖とはちみつでは、もともとの重量が異なっているため、上白糖では10gで大さじ約1（正確には9g＝大さじ1）、はちみつは10gで大さじ約½（正確には21g＝大さじ1）になります。つまり、同じ甘みをつけたいときには、はちみつは上白糖の約½の使用量で済むことに。うれしいことに、上白糖は100gあたり約384kcal、はちみつは約294kcalと、はちみつは砂糖よりも低カロリー。その上、はちみつは栄養バランスを整えながらカロリーを制限できる、ダイエットの強い味方なのです。

強い抗菌力！ 炎症を防ぎ、傷などの治りを早める

現代では甘味料の代わりに使うことが多いはちみつですが、古くは薬として使用されてきました。はちみつの代表的な薬効が抗菌力。はちみつは糖度が80％と非常に高くて水分が少ないため、細菌や微生物が繁殖しにくく、常温保存をしても腐らないので、安心して口にすることができるのです。

さらにすごいのは、はちみつが水分を吸収すると、酵素によって過酸化水素を発生するということ。はちみつを傷などにぬると、空気中や体液の水分を吸収して過酸化水素が発生。それが非常に強い殺菌作用を発揮するのです。この抗菌力で、口内炎、喉の痛みなどのトラブルを抑えたり、皮膚の炎症を抑えたり。火傷や切り傷などにぬると治りが早くなりますし、傷跡も残りにくくなります。

マヌカハニーと甘露蜜

古くから薬代わりに使用されてきたはちみつ。そのメカニズムが明らかになるにつれ、「メディカルハニー」としての使用が再注目されています。数あるはちみつの中で、とくに「メディカルハニー」として注目を浴びているのが、強い抗菌作用で知られる「マヌカハニー」と「甘露蜜（ハニーデュー）」。

マヌカハニーとは、ニュージーランドにしか自生しない野生の植物・マヌカの花から採れるはちみつで、原住民の間では、古くから薬用植物として利用されてきました。近年、このはちみつには、ほかのはちみつにない特別な抗菌効果を持つ物質・MGO（メチルグリオキサール）が含まれていることがわかり、注目を集めています。大腸菌や、胃潰瘍や胃がんを起こす原因のひとつとされているピロリ菌を抑える効果、その他、感染症にも高い効果があるとされていて、免疫力の向上にも役立つと言われています。

一方の甘露蜜は「ハニーデュー ハニー」とも呼ばれ、ヨーロッパでは古くから知られる高級はちみつです。カシやマツ、もみの木などの樹液を吸った昆虫が出す甘い液をミツバチが集めたもので、高い抗菌作用や抗酸化作用があると言われています。どちらの作用も花のはちみつと同等以上の活性があると言われていますが、とくに抗菌作用については、抗菌成分のMGO（メチルグリオキサール）を含むマヌカはちみつを超える甘露蜜もあると言われるほど！ マヌカはちみつ同様に、胃がんなどの発生原因であるピロリ菌や食中毒の原因となる大腸菌、黄色ブドウ球菌の抑制などの効果があるとされています。

はちみつ

でも大活躍した絶品はちみつをご紹介します。
してみてください。

購入できるのはここ

オー・リーブ・ジャパン株式会社
住所　東京都国立市富士見台 2-5-2
電話　080-3240-7142
URL　https://www.olvjapan.jp/

低温でもなめらか食感。産地や製造にこだわった濃厚クリームはちみつ

スペイン産の非加熱、栄養たっぷりのクリームはちみつ。ユーカリは喉の痛みや咳にもおすすめ。第2回ハニー・オブ・ザ・イヤー来場者特別賞受賞。エリカは鉄などのミネラルが豊富で、熟成された芳醇な香り。どちらもオリーブオイルとの相性もよく、料理にもぴったり。

右：オラヤミエル　クリーム蜂蜜（ユーカリ）
左：オラヤミエル　クリーム蜂蜜（エリカ）

フレーバーティーのような高貴な香りにうっとり。美肌作りにも愛用

台湾龍眼蜜品評会にて、11年連続で最優秀賞獲得。自然な無農薬龍眼樹から採れる高栄養価のはちみつは、香りも華やか。飲み物やお料理のほか、ヒアルロン酸も豊富で美白効果も。第2回ハニー・オブ・ザ・イヤー優秀賞受賞。有機のバラの花びら入り結晶はちみつも女性らしい香り。

右：バラ入り結晶はちみつ（百花蜜）
左：龍眼はちみつ

購入できるのはここ

ナナ・ハニー
住所　千葉県流山市加 4-2-8
電話　090-7276-6259
URL　http://nanahoney.com/

購入できるのはここ

レザベイユ　南青山
住所　東京都港区南青山 3-15-2
電話　03-6804-3667
URL　http://www.lesabeillesjapon.jp

パリの五ツ星ホテル御用達。芳醇な香り漂う上質なフランスはちみつ

パリでハチミツ協会の会長を務めていたシャクマンデス氏が営む、はちみつ専門店「レザベイユ」。サパン（もみの木）は、濃厚な風味でクセになる味わい。希少価値の高いアマンディエ（アーモンド）は、口に入れると甘い香りがふわっと広がって、うっとり気分に。

右前：ROMARIN（ローズマリー）
左前：TOURNESOL（西洋ひまわり）
右奥：AMANDIER（アーモンド）
左奥：SAPIN（もみの木）

Y FAVORITE HONEYS MY FAVORITE HONEYS MY FAV

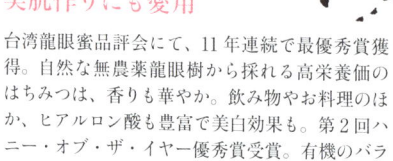

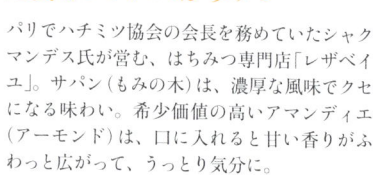

私の愛用

日頃から私が愛用し、また、本書のレシピページ
購入する際のご参考に

購入できるのはここ
リアルフード・ドット・ジェイピー
住所　神奈川県秦野市北矢名 52-5
電話　090-6115-6528
URL　http://real-food.jp

まるで食べる香水♡ タスマニア西部でしか採れない幻のはちみつ

MABOROSHI

世界一空気と水がきれいなタスマニア島にのみ生息するレザーウッドのはちみつは、独特のエレガントな香りと風味で食べる人を虜に。第1回ハニー・オブ・ザ・イヤーグランプリ受賞。ミドゥーはワイルドフラワーの優しい香りとコク。殺菌力も高く喉や咳にもおすすめ。

右：レザーウッドハニー
左：ミドゥーハニー（百花蜜）

上品な味わいと爽やかな香り。誰もが笑顔になれる最高品質の国産はちみつ

日本一厳しい自社基準を設け、最高品質にこだわった三ヶ日みかんはちみつ。美しい透明感と、口の中で広がる爽やかな風味と上品な甘みは「日本人でよかった！」と思わせてくれるとびきりのおいしさ。第1回ハニー・オブ・ザ・イヤー優秀賞受賞。季節限定の国産はちみつも人気。

右：三ヶ日みかん蜂蜜　中：ぼだいじゅ蜂蜜
左：そば蜂蜜

購入できるのはここ
長坂養蜂場
住所　静岡県浜松市北区三ヶ日町下尾奈 97-1
電話　0120-40-1183
URL　http://www.1183.co.jp

購入できるのはここ
伊豆・村の駅
住所　静岡県三島市安久 322-1
電話　055-984-1217
URL　http://www.muranoeki.com/

富士山の恵みがたっぷり！ 季節ごとに楽しめる貴重な花々のはちみつ

富士山はちみつファームの百花蜜は、初夏はみかん畑、夏は村の駅の裏畑のクローバー、秋は箱根西麓とすべて富士山が見えるところで採蜜。富士山の恵みを受けた、名前どおりのこだわりはちみつ。口に含むと自然豊かな花々の香りがドラマティックに広がって、心地よい余韻の虜に♡

富士山はちみつファーム百花蜜

シーン別
はちみつ生活

栄養たっぷりで抗菌作用の高いはちみつは、
まさにミツバチの贈り物。
食べるだけでなく、化粧品や入浴剤に、
そして薬代わりにと大活躍！
シーンに合わせたはちみつの驚くべき使い方を知って、
毎日がもっとしあわせになる
とっておきのはちみつ生活を始めよう。

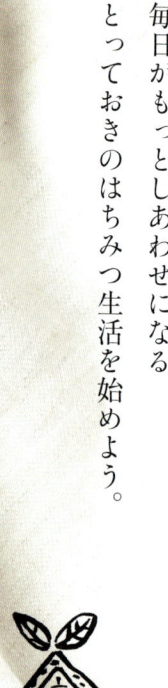

Aesop
125
GRAMMES

scene 01

洗面所で

虫歯や歯周病予防に！

はちみつ歯磨き

はちみつには歯垢や歯石の蓄積を防ぎ、虫歯や歯周病を予防するという驚きの効果が。使い方は簡単で、はちみつを適量、歯ブラシにとって磨くだけ。結晶化はちみつを使用する場合には直接歯ブラシに、結晶化していないはちみつなら、軽くブラッシングした後、数滴、歯ブラシにつけて。はちみつを加えた水でうがいするだけでも虫歯や歯周病予防に効果があるので、朝晩の歯磨きタイムに取り入れてみましょう。はちみつは、マヌカハニーやユーカリなど殺菌効果の高いものがベター。さらに、シナモンパウダーをはちみつの上にひと振りすれば、口臭予防効果も！

しっとりすべすべの美肌に

はちみつ洗顔&はちみつ化粧水

はちみつ洗顔は、洗顔石鹸を泡立てて、その中にはちみつを1～2滴たらしてまぜ、そのままいつもどおり洗顔するだけ。はちみつには優れた浸透性と保水力があるため、肌の奥にうるおいが届けられ、殺菌効果とはちみつの糖分が保護膜となって肌表面が整います。時間がないときには、数滴はちみつを手にとってから洗顔料と一緒に泡立ててもＯＫ。また、はちみつ化粧水は、はちみつを1～2滴手にとってから、通常量の化粧水とよくまぜてパッティング。化粧水の入ったボトルに10～20％のはちみつを入れてとかしたものを使用してもＯＫ。

ぷっくりツルツルの唇に！

はちみつリップパック

はちみつとオリーブオイルをまぜて唇にぬり、数分おくだけという、超簡単なはちみつリップパック。たった数分で唇がうるおい、血色のよいピンク色の唇になります。余裕があるときには、唇の上にラップをのせると唇ぷるぷる効果が倍増！ キッチンにあるものだけでできるので、ぜひお試しを。

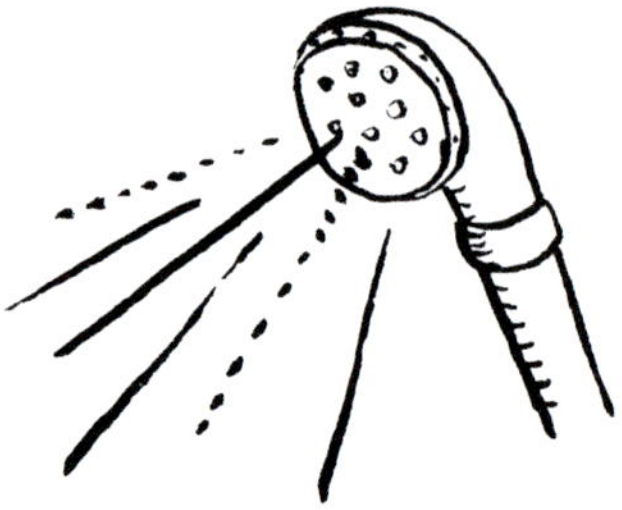

scene 02

バスタイムに

肌もココロもうるおって♡

はちみつ入浴剤

入浴タイムだって、はちみつは大活躍！バスタブにお好みのはちみつを大さじ1～2くらい加えて、超お手軽なはちみつ入浴剤に。風呂上がりに肌がベタつくこともなく、しっとりすべすべに。簡単だけど驚きの効果があるので、日焼けした後や肌の乾燥が気になる人は、ぜひお試しを。また、バスソルトと一緒にはちみつを使用するのもおすすめ！　はちみつの甘い香りでリラックスしつつ、ソルトの効果でしっかり発汗。むくみ予防にも効果抜群です。

肌がみるみる健やかに！

はちみつパック

「最近、肌が荒れているな」「肌を酷使しちゃったかな」というときには、肌に直接、ぬるだけのはちみつパックを！　お好みのはちみつ1～2滴を手のひらにとり、少量の水で顔全体にのばして。5～10分ほどおいてから、ぬるま湯かお水で洗い流すだけで完了。入浴中だと、蒸気で毛穴も開いてさらに効果的ですが、朝、化粧のりが悪いときに2～3分おいて水で流すだけでもOK。はちみつのミネラルやビタミンで肌がワントーン明るくなり、保湿作用で肌のキメが整います。

髪も肌も内外から美しく！

はちみつボディソープとはちみつシャンプー＆コンディショナー

ボディの乾燥が気になるなら、ぜひはちみつ入りボディーソープを。肌を清潔に保ち、ひじやかかとのガサガサにも効果的です。また頭皮の健康には、はちみつ入りシャンプー！　頭皮を優しくマッサージするように使えば、毛穴の汚れがきれいになり、健やかな髪が育ちやすくなります。はちみつ入りコンディショナーも併用すれば、指通りがサラサラに。作り方は400～500㎖の市販品に大さじ1のはちみつをまぜるだけ。使用時に、よくまぜるのがコツ。一度にたくさん作れて便利です。

scene 03

薬代わりにも

喉の痛みや風邪がすっきり！

はちみつ うがい薬

古くから薬として使われてきたはちみつは、喉の痛みやイガイガ、咳などの改善に有効です。風邪の予防やひき始めには、コップの水にアカシアやそば、ユーカリ、マヌカなど、抗菌効果の高いはちみつをスプーン1杯、とかしてうがいを。また、喉が痛いときや咳が出るときには、水で薄めず、患部に当たるようにはちみつをゆっくりと飲みこむのがおすすめです。

手荒れや傷の治りが早まる！

はちみつ ハンドクリーム ＆はちみつ水

手荒れや切り傷、火傷など、皮膚のお悩み解消もはちみつにおまかせを。市販のハンドクリームに少量のはちみつをまぜてぬるだけで、手荒れが改善。とくにひどく荒れているときには、はちみつを直接ぬってもOKです。また、軽いアトピー性皮膚炎には、少量のはちみつを水でといたはちみつ水がおすすめ。はちみつ水を患部にぬって水分を補給した後、赤ちゃんでも使用可能な保湿クリームでさらに肌の表面をカバー。症状がやわらぎます。さらに、軽度の火傷にすぐにぬれば水ぶくれにもなりにくくなるほか、切り傷やすり傷の治りも早まります。

胃が疲れたときの強い味方

はちみつ 胃薬

食べすぎからの消化不良や胃もたれ、ストレスで胃が荒れてしまったとき、なんとなく「胃の調子が悪いな」と感じたら、眠る前に濃い色のはちみつをスプーン1杯、ゆっくりと口に流してみてください。はちみつのミネラルに含まれる亜鉛やポリフェノール類の抗酸化成分には、胃の炎症などのトラブルを解消し、胃を守ってくれる効果があるのです。はちみつのパワーで傷ついた胃の粘膜の回復が早まって、翌朝、すっきり元気に！

はちみつマイスター 平野のり子さんに聞く!

+ワンテクで、もっと楽しいはちみつ生活

食材としてからだにとり入れる以外にも、洗顔料にまぜたり、肌に直接ぬったりなど、美容や健康にもお役立ちのはちみつ。さらに+ワンテクするだけで、もっと日常生活が楽しくなる、とっておきのはちみつ使いを「一般社団法人日本はちみつマイスター協会」の代表理事・平野のり子さんに教えてもらいました。

1

唇の荒れを防いで、
ツヤのあるぷるるん唇に♡

ウルツヤはちみつリップクリーム

材料

市販のリップクリーム…3g
色の薄いはちみつ…2g

作り方

1 リップクリームを容器から取り出し、小さめのボウル(電子レンジで加熱できるもの)に入れる。
2 電子レンジ500Wで90秒加熱した後、はちみつを加えてまぜる。
3 消毒した容器に入れる。

2

心地いいリッチなローション。
しかも美白効果まで!

はちみつローション

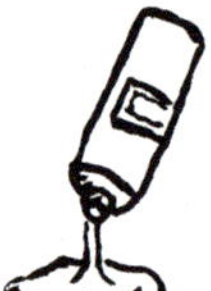

材料

精製水(コンタクトレンズの保存液でも可)…100mℓ
色の濃いはちみつ…15g
浸透性ヒアルロン酸…2g
ラベンダーオイル(保存料の代わりなので、なければ日本酒またはラム酒で可)…1〜2滴

作り方

1 精製水にはちみつを加え、よくまぜる。
2 1に浸透性ヒアルロン酸とラベンダーオイルを加え、さらによくまぜる。
3 消毒した容器に入れる。冷蔵庫で保管して、1カ月くらいで使いきること。

3

角質を取って、
キメの整った美肌に！

はちみつクレンジングクリーム

材料

エキストラバージンオリーブオイル…30mℓ
色の薄いはちみつ…2g

作り方

1. ボウルにはちみつを入れ、少しずつオリーブオイルを加えて、泡立て器でよくまぜる。
2. オイル分がしっかりまざったら、さらにオイルを少量加えて、撹拌する。
3. 消毒した容器に入れる。分離しやすいので、作りおきせず、少量ずつ作ること。

4

美白作用が高く、
角質も除去！

はちみつパック

材料（2回分）

プレーンヨーグルト…10g
色の濃いはちみつ…5g
レモン汁…小さじ½

作り方

すべての材料をまぜ、ふたつきの容器に入れる。

使い方

洗顔後、適量をのばし、10分ほどおいてから洗い流す。

はちみつとヨーグルトにまつわる誤解

「はちみつは殺菌力が強いため、ヨーグルトに入れると、せっかくの菌を殺してしまう」と言う人もいますが、これはまったくの誤解です。はちみつの中には乳酸菌も含まれていますし、また、はちみつの殺菌力の秘密と言われるグルコン酸や同じくはちみつに含まれるオリゴ糖はビフィズス菌を増やす働きがあるのです。つまり、はちみつがヨーグルトの乳酸菌を殺してしまうどころか、はちみつを入れることでヨーグルトの乳酸菌を増殖させるということ！　だから、はちみつとヨーグルトは相性抜群なんです。ただし、入れすぎておなかがゆるくならないように、ご注意くださいね。

Profile

一般社団法人
日本はちみつマイスター協会
代表理事
平野のり子さん

一般社団法人　日本はちみつマイスター協会
住所　東京都中央区新川1-22-12 ニッテイビル502号室
☎ 03-5244-9783　URL http://www.83m.info/

「手元にあったら食べるけど、なくても生活できる嗜好品」であるはちみつを、もっと多くの方に食べてもらいたい、そのよさを知ってもらいたいという想いから、2009年には日本初のはちみつ資格「はちみつマイスター」養成講座を、2012年に「一般社団法人　日本はちみつマイスター協会」を立ち上げる。はちみつ体験レッスンや養成講座、はちみつ料理のレシピ開発、はちみつ化粧品のレシピ開発など、はちみつの発展と普及に尽力。美肌になるための衣食住に使えるレシピ本『はちみつ美肌メソッド』（河出書房新社）やフリーペーパー、情報誌などの記事も数多く監修している。

毎朝香りを確かめる

〝毎朝、はちみつのびんをあけてクンクンと香りを確かめる〟これが私の1日のはじまり。

毎朝、はちみつを食べるようになり、はちみつとともに1日のスタートを自分なりに楽しんでいたら、すっかり朝のはちみつ探しが日課となってしまいました。ひとつでは物足りず、香りをかいでその日の気分に合う2〜3種を少量ぺろっとなめたり、「今日はこの気分！」と、ひとつを多めにすくってゆっくりと口の中でとかしたり。

その日の気分で、ヨーグルトやパン、フルーツにかけたり、サラダのドレッシングにすることも。お湯にとかしてドリンクにするのも、とてもお手軽。「今日はなんのはちみつにしようかな〜」と思うだけで、朝からちょっとしたしあわせ気分が味わえるようになりました。

また、うれしいことにこの習慣で、朝食を抜くことがずいぶん減りました。仕事柄、生活が不規則になりがちなため、「朝食なんて、食べる時間がない！」と思っていたのですが、はちみつを食べると断然、からだや脳が目覚めるのが早いのです！

その理由が、はちみつの主成分であるブドウ糖と果糖。これらは胃に負担をかけることなくすぐに吸収されるので、脳の栄養源であるブドウ糖が素早く届いて目覚めがよくなり、すぐにからだもシャキッ！　なにも食べずに、半分眠った状態でダラダラ朝の準備をするよりも、結果、時短になっていたのです。

とくに目が覚めてからすぐ動きたいときには、結晶化しているはちみつの中から、その日の気分にあったものを。結晶はちみつは、ブドウ糖の割合が高いものが多く、脳を素早く目覚めさせる効果がより高いのです。たとえ朝食をとれなくても、はちみつをなめるだけで、目覚める早さが違います。ぜひ、はちみつのパワーを実感してみてください。

そして毎日はちみつの香りをかいでいて、もうひとつ気づいたことが。いくつかの香りを毎日確認していると、昨日はよい香りだと思っても、次の日には「これは今日はダメかも……」というときがあるのです。体調によって味覚も変わるので、大好きな香りに抵抗を感じた日などは、「今日は少し調子がよくないのかな」「風邪をひきそうなのかな」と、体調管理のバロメーターにしています。

マヌカハニーって？

抜群の抗菌&殺菌力で人気のマヌカハニーは、メーカーによって指標が異なります。それぞれの特徴を知って、お気に入りの一品を見つけて。

はちみつは、医療が発達するはるか昔から、世界各国で薬として使用されてきました。日本では『日本書紀』(推古天皇35年)にはじめてはちみつの記述が登場。奈良時代の資料には、三韓からの献上物として送られ、貴重な甘味、薬としても使用されたことがうかがえる記述が残っています。その後、食用として使われることが主流でしたが、近年、「はちみつには高い抗菌作用がある」と再び、注目を集めるようになりました。

薬としてのはちみつ復権の立役者とも言えるのが、マヌカハニーです。マヌカとは、ニュージーランドの原住民、マオリ族が万能薬として使用していたニュージーランドにしか自生しない木のこと。もともと、マヌカの木に薬効があることは知られていましたが、その花蜜から採れるはちみつ「マヌカハニー」にも、大腸菌や胃潰瘍の原因となるピロリ菌を抑制するという驚異的な抗菌&殺菌作用があることをニュージーランドの博士が発見しました。その後の研究でマヌカハニー特有の成分が見つかり、評判がまたたく間に広がって世界中で愛用されるはちみつになりました。

マヌカハニーのびんを見ると、UMFやMGOなど、さまざまな表示がなされていて、どのマヌカハニーを選ぶべきか迷ってしまうかもしれません。マヌカハニーは、その効能がきちんと数値で示される珍しいはちみつですが、指標がひとつに統一されていないため、メーカーによって、表示がさまざまなのです。まずは、それぞれの指標の持つ意味を知って、マヌカハニー選びの道標にしてみてください。

UMF

Unique Manuka Factor

マヌカハニーの抗菌活性力を示すために生まれた指標。マヌカハニーだけの特別な抗菌成分の正体が発見当初わからなかったため、「ユニーク・マヌカ・ファクター（Unique Manuka Factor）」と呼び、その頭文字を取ってUMFと名づけられました。UMFの数値は、マヌカハニー特有の抗菌活性成分が同じ濃度の消毒薬のフェノール溶液と同じであることを示すので、UMF20+は20%の濃度のフェノール溶液と同じ殺菌力があるということに。数値が高いほど抗菌力が高くなります。

MGO

Methylglyoxal

ドレスデン工科大学の食物科学研究所所長、トーマス・ヘンレ教授は、ほかのはちみつには含まれないマヌカハニーの特有の抗菌成分が「メチルグリオキサール（MGO）」であることを発見しました。MGOマークが示すのは、1kgのマヌカハニーに何mgの食物メチルグリオキサールが含まれているのかという規格。例えば、MGO100+は1kgあたり100mgの食物メチルグリオキサールが含まれていることを示します。数値が高いほどMGOの含有量が多く、400+以上では、医療グレードの薬効も！

special

TA

Total Activity

上記2つのほか、市販のマヌカハニーでよく見かけるのが「TA（Total Activity）」。TAで示される数字もUMFと同じく、同じ濃度のフェノール溶液と同じ殺菌力があることを示すのですが、UMFがマヌカハニー特有のメチルグリオキサールの殺菌・抗菌効果のみを測定するのに対し、TAは、抗菌成分の過酸化水素と食物メチルグリオキサールを測定したもの。2つの成分を合わせた殺菌力のため、同じはちみつを調べたとしても、UMFに比べて高めの数値になりがちです。

はちみつの注意点

CAUTION

はちみつを選ぶときは「純粋はちみつ」を

「はちみつ」とは本来、天然に作られた、一切、加工されていない「純粋はちみつ」のこと。ですが、そのほかにも「精製はちみつ」や「加糖はちみつ」もはちみつとして流通しています。精製はちみつとは、はちみつから匂いや色を取り除いて作られたもので、加糖はちみつとは、純粋はちみつに水飴やコーンスターチを人為的に加えたもの。どちらも、風味や味、栄養価は、純粋はちみつには遠く及びません。また、たとえ「純粋はちみつ」と表記があっても、比較的低い価格帯で販売されているはちみつは、企業努力で安価に販売されているものもありますが、なかには香りや風味、栄養成分が損なわれているものも。これは、はちみつを保管している間に固まってしまった結晶をとかすために必要以上に加熱をしたり、ミツバチが本来、水分を飛ばして濃縮するところを、早い時期に収穫し、人為的に加熱して水分を飛ばして糖度を上げたりしている場合があるため。はちみつは60度以上になると多くの栄養成分が損なわれてしまいますし、揮発性のため香りは飛び、風味も落ちてしまいます。加熱加工に関しては表記の義務がないため、ぜひ、信頼のできるショップやはちみつ専門店で天然の純粋はちみつを選びましょう。

おいしく食べるなら、賞味期限は2年が目安

一般に販売されているはちみつの賞味期限は2年と設定されていることが多いようですが、はちみつは糖度が高く殺菌力が強いため、保存状態がよければ何年でも食べることができると言われています。ただし、保存状態が悪かったり、空気中の水分を吸湿してしまったり、加熱など温度の変化を繰り返したりすると短期間でも風味が損なわれてしまいます。おいしいうちに食べきりたい場合には2年を目安に。

食物アレルギーの人は要注意！花粉症はほぼ影響なし

食物アレルギーがある人は、その食物の花から採れたはちみつでアレルギー症状を起こす可能性も。とくにそば、りんごなどのアレルギーがある方は、先に少しだけ食べて、アレルギー症状が出ないか様子を見ましょう。また、はちみつに花粉が入っているため、花粉症でも大丈夫かどうか心配される方も多いようですが、花粉症は風の力で運ばれた花粉の影響で発症するのに対し、はちみつに含まれる花粉はミツバチの酵素などで分解されているため、影響はほとんどありません。

赤ちゃん（1歳未満の乳児）には与えない

天然のはちみつのなかには、食中毒を起こす原因菌の一種であるボツリヌス菌の胞子が含まれていることがあります。成人している場合、はちみつと一緒に含まれるボツリヌス菌が体内に入っても、胃酸や腸内細菌などの免疫力で問題ありませんが、1歳未満の乳児は消化器官や腸内細菌が未発達のため、ボツリヌス菌をガードできず、まれに「乳児ボツリヌス症」を発症する恐れも。万が一のトラブルを引き起こさぬよう、くれぐれも1歳未満の乳児には、はちみつを与えないようにしてください。なお、妊婦・授乳中の女性がはちみつをとる分には問題はありません。

はちみつの保存は、高温多湿を避けて

はちみつを保存する際は、直射日光が当たらない涼しい場所で、しっかりとふたを閉めて常温で保存しましょう。はちみつは吸湿性が高いので、湿気の多い場所も避けること。また、はちみつは15度以下になると白く結晶する性質も。冷蔵庫で保存すると結晶化が進みやすくなりますので、常温保存が基本です。

はちみつは、低温のほうが甘く、高温だと甘さを感じにくい

はちみつは低温でしっかりと甘さを感じることができますが、高温では逆に甘さを感じにくくなります。そのため、必要以上にはちみつを入れすぎてしまうことも。温かい飲み物や食べ物に使用するときは気をつけましょう。

1日の摂取量の目安は１００ｇ。食べすぎに注意

はちみつは1日に１００ｇ（約２９４ｋｃａｌ）食べても大丈夫ですが、栄養豊富なはちみつとはいえ、一度に大量に摂取するのは糖分が蓄積され、肥満につながる場合も。美容や健康維持目的で食べる場合には、毎食後大さじ1程度が目安です。消化吸収のよい朝や就寝前に食べると、成長ホルモンを促進したり、脂肪燃焼効果を高めたりするので、おすすめです。

はちみつは、非常食におすすめ！

はちみつは常温で保存が可能なうえに、約３００種とも言われる栄養素やミネラルの宝庫。食べるとすぐにからだに吸収され、素早くエネルギーにも。調理する必要もなく、腐らないため、これほど非常食に向いているものはないと言えるかもしれません。災害時に怪我をした際には傷薬としても使用できますので、ぜひ非常食として常備しましょう。

美容効果・薬効果

健康にもたくさんの効果が期待できる優良食品です。
の美容効果、薬効果をご紹介します。

はちみつの美容効果

保湿作用

シワやたるみ、くすみなど、肌の老化をもたらす最大の原因は乾燥です。実は、はちみつの80％を占める主成分、果糖＆ブドウ糖は、吸水性や浸透性が抜群。化粧品として肌にぬれば、うるおいをしっかりキャッチして、肌の奥まで浸透。しかも表皮にしっかり膜を作って、水分を逃しません。外気の刺激からも肌を守ってくれるので、肌のうるおいが長時間、持続します。

アンチエイジング

年齢を重ねると、コラーゲンやヒアルロン酸が減り、肌の新陳代謝が乱れます。それが原因で、肌のハリや弾力が失われます。はちみつに含まれるグリシンやプロリンなどのアミノ酸がコラーゲンの生成を促し、亜鉛やマグネシウムなどのミネラルが新陳代謝を促進。ハリと弾力のある素肌へ導きます。

ニキビ予防

はちみつの一番の効能といえば、抗菌＆殺菌作用です。当然、ニキビ予防だって得意技！　これは、はちみつに抗菌作用のあるグルコン酸が含まれているほか、グルコースオキシターゼという酵素が、強力な殺菌力を持つ過酸化水素を作るため。ニキビのアクネ菌や黄色ブドウ球菌だけを退治し、増殖も防ぎます。また、ビタミンB_1は新陳代謝を高める働きもあり、ニキビの跡にも効果的。

美白、シミの改善

はちみつに含まれる成分で美白に欠かせないのが、ビタミンB群とビタミンC。ビタミンB群は肌のターンオーバーの周期を正常化することで肌を底上げし、ビタミンCは抗酸化作用やメラニン生成抑制に効果を発揮。はちみつは保湿効果、浸透性が高いため、パックなどで使用するのがおすすめ。肌にうるおいを与えながら、ビタミンB群、Cを内部に浸透させます。

肥満防止

年を重ねて痩せにくくなってきた、おなかがぽっこりしてきたなど、肥満が気になる場合にも、ぜひはちみつを。はちみつには高い抗酸化作用を持つ数種類のフラボノイドが入っていて、体内にある活性酸素を除去し、生活習慣病を予防したり老化を食い止めてくれます。さらに、ビタミンB_1や亜鉛などのミネラルも糖質の代謝を助け、体内の脂肪の燃焼を促進してくれるので、ダイエットにも効果的！

ほかにも こんな美容効果が！

- 肌荒れ防止
- くすみを解消
- 肌のハリと弾力がアップ
- 抗酸化作用

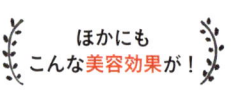

からだの内外から健やかに！

驚くべきはちみつの

はちみつは、香りや味わいがよいだけでなく、美容や
驚くほどに多様な用途を持つ、はちみつ

はちみつの薬効果

咳止め、喉の不調改善

咳や喉の痛みには、はちみつをひとなめ。痛い部分に届くように、ゆっくりと飲み込むのがコツ。とくに咳がひどいときにはそばやアカシア、ユーカリのはちみつを、喉の痛みには抗菌力の強いマヌカハニーや甘露蜜を。コップ1杯の水にスプーン1杯のはちみつをとかした「はちみつ水」でうがいするのも、風邪予防に効果的。

胃薬（胃もたれ、胃腸病、十二指腸潰瘍）

はちみつには、亜鉛をはじめとするミネラルが豊富に含まれていますが、とくに胃もたれや胃痛に効果が高いのはそばやクリなど濃い色のはちみつ。胃の粘膜の荒れを修復する効果やポリフェノールなどの抗酸化作用なども胃の調子を整えてくれます。とくに大腸菌や胃潰瘍の原因となるピロリ菌を退治するマヌカハニーは強い味方。

整腸作用（便秘解消、下痢）

はちみつにはブドウ糖、果糖のほかにオリゴ糖が含まれていて、このオリゴ糖は腸の善玉菌のえさになり、ビフィズス菌を増やす作用があります。また、はちみつに含まれるグルコン酸にも同様の効果が。ビフィズス菌が増えて腸全体の働きが整うため、便秘や下痢が抑えられ、腸の老化も予防できるのです。腸内の善玉菌を増やす効果のあるヨーグルトを一緒にとるのがおすすめ。

虫歯&歯周病予防

虫歯の原因となる歯垢や歯石をいかにできにくくするかが虫歯や歯周病予防の第一歩です。はちみつには、虫歯の原因になるミュータンス菌の働きを抑える作用や歯石を構成するリン酸カルシウムの形成を遅らせる作用があり、虫歯や歯周病予防にも底力を発揮。はちみつを加えた水でうがいするだけでも効果あり！

火傷、傷薬

はちみつが持つ抗菌&殺菌作用は、軽い火傷や切り傷などにも効果的。それは、はちみつに含まれるグルコースオキシターゼやグルコン酸などのおかげ。火傷にはちみつをぬると、はちみつの糖分による保水性により、患部の水分を吸い取って水ぶくれを防ぎ、できてしまった水ぶくれを早く治します。また、傷口にぬれば傷口を清潔に保ちます。さらに、抗菌&殺菌作用のおかげで傷の治りが早まり、傷跡も残りにくくなります。

ほかにもこんな薬効果が！

- 貧血防止（増血作用）
- 目薬
- 利尿剤
- 生活習慣病予防
- 免疫力アップ
- 二日酔いの改善、防止

はちみつQ&A

Q はちみつが白く結晶化したら、もう食べられないの？

A 気温が低い時期にはちみつが結晶化することがありますが、はちみつ本来の性質で品質にまったく問題なく、成分は変わらないので心配無用です。そのままじゃりじゃり感を楽しむのもおすすめですが、気になるならアカシアなど冬場でも結晶化しないはちみつを選ぶのも手。下図のように湯煎でとかせばもとどおりに。

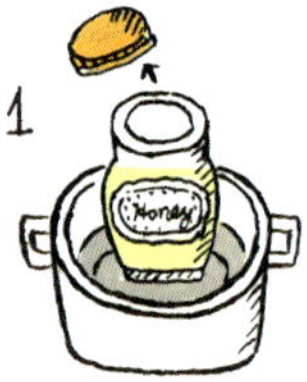

なべにお皿をしいて、結晶化したはちみつのびんを入れます。ふたは取ります。

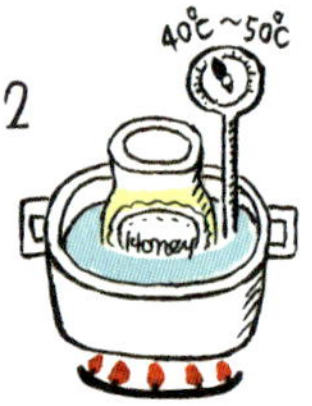

なべに水を入れて火にかけ、温度が40～50度くらいになったらとろ火にします。

結晶がとけてきたら、スプーンや箸でかきまぜます。

結晶が少なくなってきたら火を止めます。

結晶がとけたらなべから取り出して冷まします。透明なはちみつに！

Q 朝と夜、どちらに食べるのが効果的？

A はちみつは、朝と夜、どちらに食べても大丈夫。ただ、摂取後すぐに消化吸収されるはちみつは、朝のスピーディな目覚めにもってこいです。逆に夜に食べると、内臓の修復や質のよい眠りにも効果を発揮。リラックスしたいときにはホットハニーレモン、咳止め、喉の調子を整えたいときにはユーカリやそばなど、お気に入りのはちみつや使い方を探してみましょう。

Q スプーンはどんなものを使うべき？

A 金属がはちみつに触れると性質が変わると言われています。一瞬すくって食べる分にはそこまで神経質になる必要はありませんが、どうしても気になる場合には、金属でもステンレス製を使ったり、木製、陶器などのスプーンを使ったりしましょう。スプーンそのものの舌触りもはちみつを味わう重要なファクターになることをお忘れなく。

ローヤルゼリー

古くからヨーロッパや中国などで不老長寿、若返り秘薬として珍重されてきた天然のサプリメント。働きバチが花粉荷やはちみつを食べてからだの中で消化分解してから分泌したもので、女王バチと生後３日までの幼虫専用の栄養源。からだの大きさが働きバチの1.5～２倍、寿命が40～50倍とも言われる女王バチのパワーの源！　ローヤルゼリーには、アミノ酸やたんぱく質、ビタミンなど、40種類以上の栄養素が含まれていますが、とくに抗菌作用の強いデセン酸は、ローヤルゼリーにしか含まれない特有の成分だと言われています。

花粉荷（ビーポーレン）

ミツバチは、花の蜜を集める際に花粉も一緒に集めます。それを丸めて団子状にしたのが「花粉荷（ビーポーレン）」です。花粉荷は、たんぱく質や糖質、各種アミノ酸、脂肪酸、ビタミンＢ群など、さまざまな栄養素をバランスよく含み、ヨーロッパではパーフェクトフードと言われるほど！　免疫力の強化や疲労回復、滋養強壮などの効能が期待できます。近年では、アレルギー症状を緩和するとも言われていて、アメリカでは、花粉症の対症療法としても活用されています。

ハチ毒

ミツバチは外敵から身や仲間を守るために毒針を使うことがありますが、命を落とすことはまれで、むしろ刺された後に体調がよくなるということが知られています。日本では、関節炎やリウマチの治療に毒針を取り出してピンセットでツボを刺激する蜂針療法のほか、医薬品として毒液を集めて作られた痛み止めクリームなども使用されています。

花粉交配（ポリネーション）

ミツバチの介入でできる産物として農作物も挙げられます。ミツバチが間接的に人間に貢献するもので、現在、人間が食べる食材の多くがミツバチの受粉に頼っていると言われています。

はちみつの他にも ミツバチが作る 贈り物

ミツロウ

巣を作る担当の働きバチは、腹部にある分泌腺からうろこ状のロウを分泌し、六角形の巣を構成します。そのロウがミツロウです。ミツロウは保湿成分を含み、現代ではその効能を利用したリップクリームやボディクリームなどの化粧品、クレヨン、鉛筆などの工業製品の材料としても使われています。また、ミツロウで作られた巣に貯蔵した自然はちみつの巣蜜（コムハニー）も栄養価が高く貴重とされています。

プロポリス

プロポリスは、天然の抗生物質と言われるほど強力な抗菌＆殺菌作用を持つ健康食品。原料となるのは、植物の樹脂とミツバチの分泌液。ミツバチたちは、強力な抗菌＆殺菌作用を持つプロポリスを巣の入り口や隙間にくっつけて微生物の増殖を防ぎ、ウイルスなどの外敵からも巣を守っています。高い抗酸化作用を持ち、皮膚の治療、胃や腸の潰瘍などにも効果を発揮。

ハチの子

ハチの幼虫やさなぎのことで、大変栄養価が高いことで知られています。また、耳鳴りやめまいにも効果があるとされ、日本でも嗜好品として珍重されています。

おもなはちみつの味や効果、おすすめの利用法が一目でわかる！

はちみつ早見表

アーモンド	味や香りの特徴	リッチな風味と香ばしい香り
	おもな効果など	老化防止、免疫力強化
	おすすめの利用法	パン、ドリンク、スイーツ、コクを出したい料理
アカシア	味や香りの特徴	上品でクセのない風味と優しい香り
	おもな効果など	解熱、消化器の調子を整える、整腸、傷の治癒
	おすすめの利用法	ドリンク、料理、スイーツ全般、コスメ全般、傷薬
オレンジ	味や香りの特徴	柑橘の軽やかな酸味とフローラルな香り
	おもな効果など	快眠、腹痛や下痢の緩和、抗うつ作用、鎮静作用
	おすすめの利用法	ドリンク、料理、スイーツ全般、コスメ全般
クリ	味や香りの特徴	特有の渋みと独特の香り。ミネラル豊富
	おもな効果など	皮膚の炎症、貧血、胃痛
	おすすめの利用法	全粒粉パン、パンデピス（焼き菓子）、ヨーグルト
クローバー	味や香りの特徴	まろやかな余韻の残る風味と上品な香り
	おもな効果など	更年期障害の緩和、湿疹や肌荒れの改善
	おすすめの利用法	ドリンク、料理、スイーツ全般、コスメ全般
コーヒー	味や香りの特徴	ホッとする風味とかすかなコーヒーの香り
	おもな効果など	歯石予防効果が高い
	おすすめの利用法	コーヒー、パン、スイーツ全般、歯磨き、うがい
ショウシ	味や香りの特徴	飽きのこない風味と爽やかな優しい香り
	おもな効果など	免疫力の強化、殺菌・解毒効果、体力アップ
	おすすめの利用法	繊細で上品な料理、ドリンク、スイーツ、コスメ全般
セージ	味や香りの特徴	しっかりとしたハーブの風味と香り
	おもな効果など	消化促進、肝機能強化、リラックス
	おすすめの利用法	ハーブと相性のよい料理全般、化粧水、パック
そば	味や香りの特徴	甘みと苦みのある風味と独特の強い香り
	おもな効果など	喉の不調、貧血、高血圧、動脈硬化、胃痛、抗酸化作用
	おすすめの利用法	クレープ、全粒粉のパン、ヨーグルト、傷薬
タイム	味や香りの特徴	刺激のある力強い味とハーブの芳香
	おもな効果など	強壮作用、整腸作用、抗酸化作用、咳止め
	おすすめの利用法	ドレッシング、クセのある魚・肉料理、チーズ
トチ（マロニエ）	味や香りの特徴	マイルドな風味とフローラルな香り
	おもな効果など	保湿作用、抗炎症作用
	おすすめの利用法	料理のソース、パン、ヨーグルト、化粧水、クリーム
ヒース（エリカ）	味や香りの特徴	独特の甘渋みとキャラメルのような芳香
	おもな効果など	心のバランスを整える、貧血防止
	おすすめの利用法	ナッツ、ドライフルーツ、豚肉・鴨肉料理、サラダ

ひまわり	味や香りの特徴	クセと酸味の少ない濃厚な甘さ
	おもな効果など	気管支炎、風邪症状
	おすすめの利用法	パン、料理全般、チョコレートスイーツ、パンケーキ
菩提樹（リンデン）	味や香りの特徴	個性的な甘みとしっかりとした花の芳香
	おもな効果など	鎮静作用、発汗作用、頭痛、血圧を下げる作用
	おすすめの利用法	柑橘類や根菜料理、チョコレートスイーツ、コスメ全般
マヌカ	味や香りの特徴	スパイシーでキャラメルのような舌触り
	おもな効果など	抗菌・殺菌作用、胃痛、ピロリ菌抑制
	おすすめの利用法	ドリンク、ヨーグルト、チーズ、パック、クリーム
みかん	味や香りの特徴	軽い酸味のあるやわらかな味と柑橘の香り
	おもな効果など	咳止め、胃の健康、整腸作用
	おすすめの利用法	ドリンク、料理、スイーツ全般、コスメ全般
ユーカリ	味や香りの特徴	爽やかな後味とハーブのハリのある香り
	おもな効果など	消毒・殺菌作用、咳止め、喉の炎症を抑える
	おすすめの利用法	ドリンク、ドレッシング、料理の隠し味やアクセント
ラベンダー	味や香りの特徴	重厚な風味とロマンティックな香り
	おもな効果など	鎮静作用、殺菌作用、快眠
	おすすめの利用法	ドリンク、スイーツ全般、シャンプー、石鹸
リュウガン	味や香りの特徴	心地よい後味と優しい東洋的な香り
	おもな効果など	アンチエイジング、不眠、不安解消、美白効果
	おすすめの利用法	ドリンク・料理・スイーツ全般、コスメ全般
りんご	味や香りの特徴	りんごらしいフルーティーな味と香り
	おもな効果など	はちみつ全般にある作用
	おすすめの利用法	ドリンク、料理、スイーツ全般
レイシ	味や香りの特徴	やわらかな風味と果実の爽やかな香り
	おもな効果など	造血、肌荒れ改善、咳止め
	おすすめの利用法	パン、ドレッシング、スパイス系料理、ドリンク
レザーウッド	味や香りの特徴	エレガントな香りと心地よい余韻
	おもな効果など	抗酸化作用、美肌効果
	おすすめの利用法	パン、ドリンク、チーズ、スイーツ全般、コスメ全般
レモン	味や香りの特徴	ほのかな酸味とやわらかい口当たり
	おもな効果など	整腸作用、消毒・殺菌作用、解熱
	おすすめの利用法	パン、ドレッシング、ドリンク、スイーツ全般
れんげ	味や香りの特徴	優しく上品な甘みとやわらかい香り
	おもな効果など	肝・腎機能強化、便秘解消
	おすすめの利用法	ドリンク、料理、スイーツ全般
ローズマリー	味や香りの特徴	優しい甘さの中にほのかな渋み
	おもな効果など	胃腸の機能を整える
	おすすめの利用法	ハーブと相性のよい肉・魚料理、ドリンク、ヘアケア

木村幸子（きむら・さちこ）

はちみつ料理・お菓子研究家。洋菓子研究家。南青山にて人気のお菓子教室「洋菓子教室トロワ・スール」を主宰。洋菓子店や企業などへの商品開発やレシピ提供、TVや雑誌、WEBでの監修・出演・コーディネートに携わる。はちみつの魅力を伝える一般社団法人日本はちみつマイスター協会にて、プロのはちみつスイーツ講座を長年にわたり講師として担当。自身が主宰する教室でのはちみつ料理・お菓子にも定評があり、人気が高い。2012年2月に「最大のチョコレートキャンディーの彫刻」の分野にて、ギネス世界記録のお菓子の製作、世界記録と認定される。著書『憧れのゴージャスチョコレシピ』『大人のパンケーキ&フレンチトースト』『ハロウィンパーティレシピ』（主婦の友インフォス）など。

トロワ・スール http://ameblo.jp/troissoeurs/

STAFF

装丁・本文デザイン／加藤美保子
イラスト／戸屋ちかこ
撮影／工藤睦子
スタイリング／中嶋美穂
栄養計算／佐藤博子
編集協力／池山章子
美容編集協力／平野のり子（一般社団法人日本はちみつマイスター協会）
校正／株式会社ぷれす
編集担当／岡田澄枝（主婦の友インフォス）

毎《まい》日《にち》がしあわせになるはちみつ生《せい》活《かつ》

2017年3月31日　第1刷発行

著　者　木《き》村《むら》幸《さち》子《こ》
発行者　安藤隆啓
発行所　株式会社主婦の友インフォス
〒101-0052　東京都千代田区神田小川町3-3
電話 03-3295-9465（編集）
発売元　株式会社主婦の友社
〒101-8911　東京都千代田区神田駿河台2- 9
電話 03-5280-7551（販売）
印刷所　大日本印刷株式会社

ISBN978-4-07-420676-6

■本書の内容に関するお問い合わせは主婦の友インフォス（電話 03-3295-9465、担当／岡田）まで。
■乱丁本、落丁本はおとりかえします。お買い求めの書店か、主婦の友社販売部（電話 03-5280-7551）にご連絡ください。
■主婦の友インフォスが発行する書籍・ムックのご注文は、お近くの書店か主婦の友社コールセンター（電話 0120-916-892）まで。
※お問い合わせ受付時間　月～金（祝日を除く）9：30 ～ 17：30
主婦の友インフォスホームページ　http://www.st-infos.co.jp/
主婦の友社ホームページ　http://www.shufunotomo.co.jp/